（西南篇）

丘陵山区农业机械化发展概览

曹光乔　崔思远 等◎著

中国农业出版社
北　京

著　者　名　单

曹光乔　崔思远　曹　蕾　陈　聪
胡朝中　沈诗逸　吴　萍

前言

FOREWORD

现代农业装备技术是农业新质生产力发展的重点领域，农业机械化是加快建设农业强国的关键生产要素。近年来，我国农业机械化发展取得了重大成就，农机装备总量持续增长、作业水平不断提升、社会化服务能力显著增强，农业生产进入以机械化为主导的新阶段。然而，与农业生产的迫切需要和农民的强劲需求相比，农业机械化还存在产业间、区域间发展不平衡，农机与农艺、农业生产各环节间机械化不配套，机具数量增长与作业质量不高等结构性问题，尤其是丘陵山区“无机可用”“无好机用”和“有机难用”问题尤为突出。

丘陵山区耕地面积和农作物播种面积占全国比例均超过1/3，是我国重要的粮油和特色农产品种植基地。我国东北、华北、长江中下游等平原地区农业机械化率已超过80%，而丘陵山区不足50%，其中西南丘陵山区耕种收综合机械化率不到30%。随着丘陵山区农村劳动力加快转移，农业劳动机会成本显著攀升；特色优势产业加快发展，农业各领域对机械化的需求越来越迫切。因此，补齐丘陵山区农业机械化短板已成为保障粮食安全和建设农业强国必须解决的现实问题。党中央和国务院高度重视丘陵山区农业机械化发展，《“十四五”推进农业农村现代化规划》《全国农业机械化发展规划》以及中央1号文件等指导性文件都对加快丘陵山区农业机械化发展作出部署安排，加快丘陵山区农业机械化发展的时机已经成熟。

推进丘陵山区农业机械化，应结合各地社会经济条件和农机应用场景，因地制宜、精准施策。在丘陵山区实用高效作业装备专项（NK2022160406）、中央级公益性科研院所基本科研业务费专项（S202320）、中国农业科学院科技创新工程［农科院办（2014）216号］、国家重点研发计划（2023YFD2001005）等项目支持下，著者团队以我国西南丘陵山区为研究对象，从为农业机械发展提供基础支撑的角度，对我国丘陵山区社会经济和农机化现状、耕地地形条件、耕作制度和土壤特征等，进行了较为详细的梳理和分析，提出机械化作业要点及机具选型建议，以推动丘陵山区农业机械化高质量发展。

由于水平有限，书中难免存在疏漏和不妥之处，敬请读者批评指正，以便后续修改完善。

著　者

2024年6月

目录
CONTENTS

第一章　概　　述

一、研究背景与意义

我国丘陵山区和高原面积 6.66 亿公顷，占国土总面积的 69.4%，丘陵和山区县级行政区数量占全国的 2/3。丘陵山区地域广阔、自然资源丰富，人口占全国人口的 54.2%，GDP 仅占全国的 30%。农业生产是丘陵山区居民的重要经济来源，农业机械化水平不高是制约区域粮食综合生产能力的重要因素之一。

党的二十大报告提出全方位夯实粮食安全根基，强化农业科技和装备支撑。《中共中央 国务院关于全面推进乡村振兴加快农业农村现代化的意见》提出提高农机装备自主研制能力，支持高端智能、丘陵山区农机装备研发制造，加大购置补贴力度等要求。《“十四五”推进农业农村现代化规划》提出加快研发制造适合丘陵山区农业生产的高效专用农机、推进丘陵山区农田宜机化改造等要求。《“十四五”全国农业机械化发展规划》对加快补齐丘陵山区农业机械化短板进行了重点部署。2021 年中央 1 号文件中明确了加快推进农业现代化的任务，提出要提高农机装备自主研制能力，支持高端智能、丘陵山区农机装备研发制造。《农业农村部关于落实好党中央、国务院 2021 年农业农村重点工作部署的实施意见》进一步要求加大丘陵山区和绿色智能农机等机具补贴力度，发布主要农作物、丘陵山区等技术装备薄弱环节需求目录，加快丘陵山区农田宜机化改造。2022 年中央 1 号文件提出全面梳理短板弱项，加强农机装备工程化协同攻关，加快大功率机械、丘陵山区和设施园艺小型机械、高端智能机械研发制造并纳入国家重点研发计划予以长期稳定支持。《农业农村部关于落实党中央国务院 2022 年全面推进乡村振兴重点工作部署的实施意见》提出建设大型大马力高端智能农机装备和丘陵山区适用小型机械推广应用先导区，加快研发制造产业急需、农民急用的短板机具。2023 年中央 1 号文件提出，要加快先进农机研发推广，加紧研发大型智能农机装备、丘陵山区适用小型机械和园艺机械。《农业农村部关于落实党中央国务院 2023 年全面推进乡村振兴重点工作部署的实施意见》提出实施农机装备补短板行动，以破解“一大一小”农机装备卡点难点为重点，推动丘陵山地拖拉机、300 马力①级无级变速拖拉机、再生稻收获机、大豆玉米带状复合种植专用机械等研制推广取得突破。上述发展规划和指导性文件对中国农业机械化发展提出了新任务、新要求，加快推进丘陵山区农机化是确保我国农产品有效供给的重大战略需求。

我国 11 个省份丘陵山地占耕地面积比例大于 60%，依次是贵州（95.6%）、云南（92.3%）、四川（91.4%）、重庆（85.3%）、福建（78.9%）、广西（73.3%）、江西（70.3%）、浙江（70.0%）、广东（63.8%）、湖北（62.5%）、湖南（62.4%）。可以看出，云南、贵州、四川、重庆等西南四省份丘陵山地占比最高，地理地形条件对农业生产制约大，规模化种植和机械化作业的难度高。2021 年，西南四省份农作物耕种收综合机械化率均未达 50%②。推动西南丘陵山区农业机械化，对于探索丘陵山区农业机械化发展路径，突破全国丘陵山区农业机械化瓶颈制约具有重要实践指导意义。

国内外实践表明，丘陵山区农业机械化发展的制约因素主要包括：①地形地块条件复杂。丘陵山区特殊的地理条件形成了田块坡度大、面积小而分散且不规则，梯田田块之间落差较大，田间互通道路狭窄崎岖或者未设机耕道，常规的大中型农业装备无法适应这种耕地特征，农业机械在田块间转移困难，严重限制了农业机械大

① 马力为非法定计量单位，1 马力≈0.735 千瓦。——编者注

② 采用《全国农业机械化统计年报》中的 2021 年机耕面积、机播面积、机收面积、机械免耕播种面积及 2022 年《中国统计年鉴》中的 2021 年农作物播种面积数据，依据农业行业标准 NY/T 1408.1—2007《农业机械化水平评价　第 1 部分：种植业》测算机械化率。机械化率最终测算结果可能与各省公布数据有所不同。

规模作业。②土壤黏重板结。丘陵山区土壤黏重性较强，特别是对于降水量分布集中的南方地区，较大的土壤湿度极易使土壤黏附在耕作播种机械上，导致作业动力消耗增加，作业效率下降，甚至造成机具故障率大幅增加。部分丘陵山区土壤或板结难耕，或石漠化程度严重，土层浅薄，砾石含量高，增加了机械化作业难度。③农机农艺融合不足。丘陵山区人多耕地少，农户大都采用轮作、间作、套作等复合种植模式以提高复种指数，形成了复杂多样的农业生产模式。农作物种植前未进行土地基础条件改善，种植时未考虑机械化作业需求，农业生产经营方式粗放，农机农艺融合度不高，适合机械化操作的品种和栽培模式较少，增加了农业装备研发推广难度。④适用农机装备技术短缺。丘陵山区在用农业机械以小型拖拉机和微耕机为主，功能单一、工作效率低、可靠性不高，各种适用配套机具较少，高通过性机械严重短缺。装备结构不合理，粮食作物机具多，其他作物机具少；加工运输机械多，田间作业动力机械少；耕作机械多，种管收机械少。

本书以西南丘陵山区为对象，从社会经济概况、农业生产和农业机械化现状、耕地地形条件、主要耕作制度、土壤种类与性状、机械化作业及机具选型建议等方面入手，系统介绍西南四省份丘陵山区农业机械化发展和作业环境，为农业机械化发展政策的制定实施、农机装备研发推广提供基础支撑。

二、研究方法与数据来源

1. 社会经济和农业机械化概况

社会经济与人口总体情况部分，因所需数据为县级数据，受限于数据可获得性，所用数据来源于 2019 年《中国县域统计年鉴》；农业生产结构部分，各省（直辖市）情况分析所用数据来源于 2022 年《中国统计年鉴》；丘陵山区情况分析因所需数据为县级农业生产数据，受限于数据可获得性，同时考虑到我国丘陵山区农业生产结构总体比较稳定，所用数据主要来源于 2016 年农业农村部县级普查数据；农业机械化率与农机装备结构部分，数据来源于2021年《全国农业机械化统计年报》和2022年《中国统计年鉴》，机械化率测算方法依据农业行业标准NY/T 1408.1—2007《农业机械化水平评价　第1部分：种植业》。

2. 耕地地形条件

各省丘陵山区县（市、区）耕地坡度数据来源于资源学科创新平台数据库（http://www.data.ac.cn/table/tbb08）；地形条件采用抽样调查法，从每个省份的丘陵县和山区县中按照约5%比例选取具有代表性的县市，再按照东南西北中的方位原则从每个县市中选取5个村落，每个村落选取集中连片的100个地块。地块选取基于天地图遥感影像挖掘和地理信息技术，在QGIS平台上加载天地图遥感影像（影像采集时间主要分布在2021—2022年），在QGIS平台上勾勒出每个村相对集中100个地块的矢量边界，将采集的地块边界矢量文件导入ARCGIS，计算出每个地块的实际面积、外接矩形面积、矩形度、长宽比等。

3. 我国丘陵山区划分

关于丘陵山区的划分方法，目前有基于田块海拔、坡度等地理地形条件划分法、农业机械化水平划分法、农业资源综合利用等。为了便于开展农机农艺融合研究，需要综合考虑农作物种植结构、土壤类型等因素，本书以《中国耕作制度发展与新区划（2021）》一书中我国耕作制度区划内容为基础，结合各区丘陵山区分布情况，对地理地形、气候条件、种植制度相近区域进行整合，以省级行政区划为主要区划单位，将我国丘陵山区划分为六大区：①东北、黄淮海丘陵一熟二熟区；②西北高原丘陵山地一熟二熟区；③青藏高原山地一熟区；④西南山地丘陵二熟区；⑤长江中下游丘陵山地二熟三熟区；⑥华南丘陵山地三熟二熟区。

根据上述划分，依据《中国县（市）社会经济统计年鉴2012》中给出的各省份丘陵县及山区县名单，结合近年我国行政区划调整，确定各区丘陵县和山区县名单。我国丘陵山地六大区具体范围如下：

（1）东北、黄淮海丘陵一熟二熟区

该区指东北三省北部和东部的山地丘陵坡地，以及黄河、海河和淮河流域中下游的北京、天津、河北、河南、山东丘陵山地。东北地区主要种植玉米、水稻、大豆、薯类等作物，基本上一年一熟；黄淮海地区主要种植冬小麦、夏玉米、花生、大豆等作物，大多为一年两熟。该区丘陵县和山区县具体见表1-1。

表1-1 东北、黄淮海丘陵一熟二熟区丘陵县和山区县

省份	类型	区县
黑龙江	丘陵县	阿城区、依兰县、方正县、宾县、巴彦县、木兰县、通河县、延寿县、五常市、克山县、克东县、拜泉县、虎林市、密山市、萝北县、集贤县、友谊县、宝清县、饶河县、桦南县、汤原县、勃利县、嫩江市、北安市、五大连池市、庆安县、明水县、绥棱县、海伦市
	山区县	尚志市、鸡东县、嘉荫县、铁力市、东宁市、林口县、绥芬河市、海林市、宁安市、穆棱市、逊克县、孙吴县、呼玛县、塔河县、漠河市
吉林	丘陵县	九台区、永吉县、蛟河市、桦甸市、舒兰市、磐石市、伊通满族自治县、东丰县、东辽县、辉南县、柳河县、梅河口市
	山区县	通化县、集安市、江源区、抚松县、靖宇县、长白朝鲜族自治县、临江市、延吉市、图们市、敦化市、珲春市、龙井市、和龙市、汪清县、安图县
辽宁	丘陵县	长海县、瓦房店市、普兰店区、庄河市、义县、盖州市、阜新蒙古族自治县、朝阳县、建平县、喀喇沁左翼蒙古族自治县、北票市、凌源市、绥中县、建昌县、兴城市
	山区县	岫岩满族自治县、抚顺县、新宾满族自治县、清原满族自治县、本溪满族自治县、桓仁满族自治县、宽甸满族自治县、凤城市、西丰县
北京	丘陵县	平谷区
	山区县	怀柔区、密云区、延庆区
天津	丘陵县	蓟州区

（续）

省份	类型	区县
河北	丘陵县	行唐县、元氏县、鹿泉区、丰润区、遵化市、抚宁区、卢龙县、磁县、临城县、内丘县、沙河市、满城区、顺平县、宣化区、阳原县、怀安县、万全区、怀来县
	山区县	井陉县、灵寿县、赞皇县、平山县、迁西县、迁安市、青龙满族自治县、涉县、武安市、邢台县、涞水县、阜平县、唐县、涞源县、易县、曲阳县、蔚县、涿鹿县、赤城县、崇礼区、承德县、兴隆县、平泉市、滦平县、隆化县、丰宁满族自治县、宽城满族自治县、围场满族蒙古族自治县
河南	丘陵县	巩义市、荥阳市、新密市、孟津区、新安县、宜阳县、伊川县、偃师区、宝丰县、郏县、舞钢市、汝州市、安阳县、禹州市、渑池县、陕州区、义马市、灵宝市、方城县、镇平县、罗山县、光山县、固始县、潢川县、确山县、泌阳县
	山区县	登封市、栾川县、嵩县、汝阳县、洛宁县、鲁山县、林州市、辉县市、卢氏县、南召县、西峡县、内乡县、淅川县、桐柏县、新县、商城县、济源市
山东	丘陵县	章丘区、胶州市、即墨区、平度市、莱西市、滕州市、长岛县、龙口市、莱阳市、莱州市、安丘市、曲阜市、宁阳县、东平县、肥城市、荣成市、兰陵县、莒南县、临沭县
	山区县	长清区、平阴县、黄岛区、沂源县、蓬莱区、招远市、栖霞市、海阳市、临朐县、昌乐县、青州市、诸城市、泗水县、邹城市、新泰市、文登区、乳山市、五莲县、莒县、沂南县、沂水县、费县、平邑县、蒙阴县

（2）西北高原丘陵山地一熟二熟区

该区指我国内蒙古高原和黄土高原丘陵山地，包括内蒙古、山西、陕西、宁夏、甘肃等省份。主要种植小麦、玉米、杂粮等农作物，熟制以一年一熟为主，南部有两年三熟和少量一年两熟。该区丘陵县和山区县具体见表1-2。

表 1-2 西北高原丘陵山地一熟二熟区丘陵县和山区县

省份	类型	区县
内蒙古	丘陵县	和林格尔县、固阳县、达尔罕茂明安联合旗、阿鲁科尔沁旗、巴林左旗、巴林右旗、林西县、克什克腾旗、翁牛特旗、喀喇沁旗、宁城县、敖汉旗、库伦旗、奈曼旗、扎鲁特旗、鄂托克前旗、鄂托克旗、乌审旗、伊金霍洛旗、海拉尔区、阿荣旗、莫力达瓦达斡尔族自治旗、鄂伦春自治旗、鄂温克族自治旗、陈巴尔虎旗、新巴尔虎左旗、新巴尔虎右旗、满洲里市、牙克石市、扎兰屯市、额尔古纳市、根河市、乌拉特中旗、乌拉特后旗、集宁区、卓资县、化德县、商都县、兴和县、察哈尔右翼前旗、察哈尔右翼中旗、察哈尔右翼后旗、四子王旗、丰镇市、乌兰浩特市、阿尔山市、科尔沁右翼前旗、科尔沁右翼中旗、扎赉特旗、突泉县、锡林浩特市、阿巴嘎旗、苏尼特左旗、苏尼特右旗、太仆寺旗、镶黄旗、正镶白旗、正蓝旗、多伦县、阿拉善左旗、阿拉善右旗、额济纳旗
	山区县	清水河县、武川县、准格尔旗、凉城县
宁夏	山区县	盐池县、同心县、西吉县、隆德县、泾源县、彭阳县、海原县
山西	丘陵县	左云县、平定县、襄垣县、屯留区、黎城县、武乡县、沁县、阳城县、高平市、右玉县、榆社县、昔阳县、寿阳县、灵石县、闻喜县、绛县、垣曲县、平陆县、五寨县、岢岚县、河曲县、保德县、偏关县、古县、安泽县、浮山县、吉县、大宁县、隰县、永和县、汾西县、霍州市、兴县、临县、柳林县、石楼县、孝义市
	山区县	阳曲县、娄烦县、古交市、天镇县、广灵县、灵丘县、浑源县、平顺县、盂县、壶关县、沁源县、沁水县、陵川县、泽州县、左权县、和顺县、五台县、代县、繁峙县、宁武县、静乐县、神池县、乡宁县、蒲县、离石区、交城县、岚县、方山县、中阳县、交口县
陕西	丘陵县	宜君县、延长县、延川县、子长市、安塞区、志丹县、吴起县、甘泉县、富县、洛川县、宜川县、黄龙县、黄陵县、神木市、府谷县、横山区、靖边县、定边县、绥德县、米脂县、佳县、吴堡县、清涧县、子洲县

（续）

省份	类型	区县
陕西	山区县	凤县、太白县、宁强县、略阳县、镇巴县、留坝县、佛坪县、汉阴县、石泉县、宁陕县、紫阳县、岚皋县、平利县、镇坪县、旬阳市、白河县、商州区、洛南县、丹凤县、商南县、山阳县、镇安县、柞水县
甘肃	丘陵县	永登县、靖远县、古浪县、山丹县、泾川县、西峰区、庆城县、合水县、正宁县、宁县、临夏市、临夏县
	山区县	榆中县、会宁县、清水县、秦安县、甘谷县、武山县、张家川回族自治县、天祝藏族自治县、崆峒区、灵台县、崇信县、华亭市、庄浪县、静宁县、肃北蒙古族自治县、阿克塞哈萨克族自治县、环县、华池县、镇原县、安定区、通渭县、陇西县、渭源县、临洮县、漳县、岷县、武都区、成县、文县、宕昌县、康县、西和县、礼县、徽县、两当县、康乐县、永靖县、广河县、和政县、东乡族自治县、积石山保安族东乡族撒拉族自治县、合作市、临潭县、卓尼县、舟曲县、迭部县、玛曲县、碌曲县、夏河县

（3）青藏高原山地一熟区

该区指我国西部青藏高原地区丘陵山地，主要包括西藏、青海等省份。主要种植青稞、小麦、油菜等作物，绝大部分为一年一熟。该区丘陵县和山区县具体见表1-3。

表1-3　青藏高原山地一熟区丘陵县和山区县

省份	类型	区县
西藏	丘陵县	当雄县、曲水县、堆龙德庆区、达孜区、墨竹工卡县、乃东区、扎囊县、贡嘎县、琼结县、隆子县
	山区县	林周县、尼木县、卡若区、江达县、贡觉县、类乌齐县、丁青县、察雅县、八宿县、左贡县、芒康县、洛隆县、边坝县、桑日县、曲松县、措美县、洛扎县、加查县、错那市、浪卡子县、日喀则市、南木林县、江孜县、定日县、萨迦县、拉孜县、昂仁县、谢通门县、白朗县、仁布县、康马县、定结县、仲巴县、亚东县、吉隆县、聂拉木县、萨嘎县、岗巴县、色尼区、嘉黎县、比如县、聂荣县、安多县、申扎县、索县、班戈

（续）

省份	类型	区县
西藏	山区县	县、巴青县、尼玛县、普兰县、札达县、噶尔县、日土县、革吉县、改则县、措勤县、巴宜区、工布江达县、米林市、墨脱县、波密县、察隅县、朗县
青海	山区县	大通回族土族自治县、湟中区、湟源县、平安区、民和回族土族自治县、乐都区、互助土族自治县、化隆回族自治县、循化撒拉族自治县、门源回族自治县、祁连县、海晏县、刚察县、同仁市、尖扎县、泽库县、河南蒙古族自治县、共和县、同德县、贵德县、兴海县、贵南县、玛沁县、班玛县、甘德县、达日县、久治县、玛多县、玉树市、杂多县、称多县、治多县、囊谦县、曲麻莱县、格尔木市、德令哈市、乌兰县、都兰县、天峻县

（4）西南山地丘陵二熟区

该区地处我国西南，是围绕四川盆地的中高原山地丘陵，主要包括云南、贵州、四川、重庆等省份。主要种植玉米、薯类、水稻、小麦、油菜等作物，一年两熟为主，高海拔地区一年一熟。该区丘陵县和山区县具体见表 1-4。

表 1-4 西南山地丘陵二熟区丘陵县和山区县

省份	类型	区县
云南	丘陵县	呈贡区、石林彝族自治县、嵩明县、陆良县、通海县、砚山县、勐海县、宾川县
	山区县	晋宁区、富民县、宜良县、禄劝彝族苗族自治县、寻甸回族彝族自治县、安宁市、马龙区、师宗县、罗平县、富源县、会泽县、沾益区、宣威市、江川区、澄江市、华宁县、易门县、峨山彝族自治县、新平彝族傣族自治县、元江哈尼族彝族傣族自治县、施甸县、腾冲市、龙陵县、昌宁县、昭阳区、鲁甸县、巧家县、盐津县、大关县、永善县、绥江县、镇雄县、彝良县、威信县、水富市、玉龙纳西族自治县、永胜县、华坪县、宁蒗彝族自治县、思茅区、宁洱哈尼族彝族自治县、墨江哈尼族自治县、景东彝族自治县、景谷傣族彝族自治县、镇沅彝族哈尼族拉祜族自治县、江城哈尼族彝族自治县、孟连傣族

（续）

省份	类型	区县
云南	山区县	拉祜族佤族自治县、澜沧拉祜族自治县、西盟佤族自治县、临翔区、凤庆县、云县、永德县、镇康县、双江拉祜族佤族布朗族傣族自治县、耿马傣族佤族自治县、沧源佤族自治县、楚雄市、双柏县、牟定县、南华县、姚安县、大姚县、永仁县、元谋县、武定县、禄丰县、个旧市、开远市、蒙自市、屏边苗族自治县、建水县、石屏县、弥勒市、泸西县、元阳县、红河县、金平苗族瑶族傣族自治县、绿春县、河口瑶族自治县、文山市、西畴县、麻栗坡县、马关县、丘北县、广南县、富宁县、景洪市、勐腊县、大理市、漾濞彝族自治县、祥云县、弥渡县、南涧彝族自治县、巍山彝族回族自治县、永平县、云龙县、洱源县、剑川县、鹤庆县、瑞丽市、芒市、梁河县、盈江县、陇川县、泸水市、福贡县、贡山独龙族怒族自治县、兰坪白族普米族自治县、香格里拉市、德钦县、维西傈僳族自治县
贵州	山区县	开阳县、息烽县、修文县、清镇市、六枝特区、水城区、盘州市、播州区、桐梓县、绥阳县、正安县、道真仡佬族苗族自治县、务川仡佬族苗族自治县、凤冈县、湄潭县、余庆县、习水县、赤水市、仁怀市、平坝区、普定县、镇宁布依族苗族自治县、关岭布依族苗族自治县、紫云苗族布依族自治县、七星关区、大方县、黔西市、金沙县、织金县、纳雍县、威宁彝族回族苗族自治县、赫章县、碧江区、万山区、江口县、玉屏侗族自治县、石阡县、思南县、印江土家族苗族自治县、德江县、沿河土家族自治县、松桃苗族自治县、兴义市、兴仁市、普安县、晴隆县、贞丰县、望谟县、册亨县、安龙县、凯里市、黄平县、施秉县、三穗县、镇远县、岑巩县、天柱县、锦屏县、剑河县、台江县、黎平县、榕江县、从江县、雷山县、麻江县、丹寨县、都匀市、福泉市、荔波县、贵定县、瓮安县、独山县、平塘县、罗甸县、长顺县、龙里县、惠水县、三都水族自治县
四川	丘陵县	金堂县、蒲江县、简阳市、荣县、富顺县、泸县、中江县、罗江区、盐亭县、蓬溪县、射洪市、大英县、威远县、资中县、隆昌市、犍为县、井研县、南部县、营山县、蓬安县、仪陇县、西充县、阆中市、仁寿县、洪雅县、丹棱县、青神县、南溪区、叙州区、江安县、长宁县、岳池县、武胜县、邻水县、华蓥市、达川区、宣汉县、开江县、大竹县、渠县、名山区、平昌县、安岳县、乐至县

（续）

省份	类型	区县
四川	山区县	米易县、盐边县、合江县、叙永县、古蔺县、梓潼县、北川羌族自治县、平武县、旺苍县、青川县、剑阁县、苍溪县、沐川县、峨边彝族自治县、马边彝族自治县、峨眉山市、高县、珙县、筠连县、兴文县、屏山县、万源市、荥经县、汉源县、石棉县、天全县、芦山县、宝兴县、通江县、南江县、汶川县、理县、茂县、松潘县、九寨沟县、金川县、小金县、黑水县、马尔康市、壤塘县、阿坝县、若尔盖县、红原县、康定市、泸定县、丹巴县、九龙县、雅江县、道孚县、炉霍县、甘孜县、新龙县、德格县、白玉县、石渠县、色达县、理塘县、巴塘县、乡城县、稻城县、得荣县、西昌市、木里藏族自治县、盐源县、德昌县、会理县、会东县、宁南县、普格县、布拖县、金阳县、昭觉县、喜德县、冕宁县、越西县、甘洛县、美姑县、雷波县
重庆	丘陵县	大足区、长寿区、江津区、合川区、永川区、潼南区、铜梁区、荣昌区、璧山区、梁平区、垫江县、忠县、开州区
	山区县	綦江区、南川区、城口县、丰都县、武隆区、云阳县、奉节县、巫山县、巫溪县、石柱土家族自治县、秀山土家族苗族自治县、酉阳土家族苗族自治县、彭水苗族土家族自治县

（5）长江中下游丘陵山地二熟三熟区

该区指我国长江中下游和江南地区山地、丘陵、岗地，主要包括湖北、安徽、江苏、浙江、湖南、江西等省份。主要种植水稻、小麦、油菜、玉米等作物，一年两熟为主，南部有部分一年三熟。该区丘陵县和山区县具体见表 1-5。

表 1-5 长江中下游丘陵山地二熟三熟区丘陵县和山区县

省份	类型	区县
湖北	丘陵县	大冶市、当阳市、襄州区、老河口市、枣阳市、宜城市、京山市、沙洋县、钟祥市、孝昌县、大悟县、应城市、安陆市、松滋市、团风县、浠水县、蕲春县、武穴市

（续）

省份	类型	区县
湖北	山区县	阳新县、郧阳区、郧西县、竹山县、竹溪县、房县、丹江口市、夷陵区、远安县、兴山县、秭归县、长阳土家族自治县、五峰土家族自治县、宜都市、南漳县、谷城县、保康县、红安县、罗田县、英山县、麻城市、通城县、崇阳县、通山县、赤壁市、随县、广水市、恩施市、利川市、建始县、巴东县、宣恩县、咸丰县、来凤县、鹤峰县、神农架
安徽	丘陵县	长丰县、肥东县、肥西县、庐江县、来安县、全椒县、定远县、凤阳县、天长市、明光市、寿县、霍邱县、舒城县
	山区县	潜山市、太湖县、岳西县、歙县、休宁县、黟县、祁门县、金寨县、霍山县、东至县、石台县、青阳县、广德市、泾县、绩溪县、旌德县、宁国市
江苏	丘陵县	浦口区、江宁区、六合区、溧水区、高淳区、宜兴市、铜山区、溧阳市、金坛区、吴中区、盱眙县、仪征市、丹徒区、句容市
浙江	丘陵县	象山县、宁海县、奉化区、洞头区、长兴县、兰溪市、义乌市、永康市、龙游县、江山市、岱山县、嵊泗县、玉环市、三门县
	山区县	桐庐县、淳安县、建德市、富阳区、临安区、永嘉县、文成县、泰顺县、安吉县、新昌县、嵊州市、武义县、浦江县、磐安县、东阳市、常山县、开化县、天台县、仙居县、青田县、缙云县、遂昌县、松阳县、云和县、庆元县、景宁畲族自治县、龙泉市
湖南	丘陵县	渌口区、攸县、醴陵市、湘潭县、湘乡市、韶山市、衡阳县、衡南县、衡山县、衡东县、祁东县、耒阳市、常宁市、邵东市、新邵县、邵阳县、新宁县、武冈市、桃江县、桂阳县、宜章县、永兴县、嘉禾县、临武县、安仁县、祁阳市、东安县、道县、新田县、洪江市、双峰县、冷水江市、涟源市
	山区县	浏阳市、茶陵县、炎陵县、隆回县、洞口县、绥宁县、城步苗族自治县、平江县、石门县、慈利县、桑植县、安化县、汝城县、桂东县、资兴市、双牌县、江永县、宁远县、蓝山县、江华瑶族自治县、中方县、沅陵县、辰溪县、溆浦县、会同县、麻阳苗族自治县、新晃侗族自治县、芷江侗族自治县、靖州苗族侗族自治县、通道侗族自治县、新化县、吉首市、泸溪县、凤凰县、花垣县、保靖县、古丈县、永顺县、龙山县

（续）

省份	类型	区县
江西	丘陵县	乐平市、德安县、分宜县、余江区、贵溪市、南康区、吉安县、吉水县、峡江县、新干县、泰和县、万安县、永新县、上高县、宜丰县、南城县、崇仁县、金溪县、东乡区、广信区、广丰区、弋阳县、万年县
	山区县	浮梁县、莲花县、上栗县、芦溪县、武宁县、修水县、瑞昌市、赣县区、信丰县、大余县、上犹县、崇义县、安远县、龙南市、定南县、全南县、宁都县、于都县、兴国县、会昌县、寻乌县、石城县、瑞金市、永丰县、遂川县、安福县、井冈山市、奉新县、万载县、靖安县、铜鼓县、黎川县、南丰县、乐安县、宜黄县、资溪县、广昌县、玉山县、铅山县、横峰县、婺源县、德兴市

（6）华南丘陵山地三熟二熟区

该区指我国最南部山地丘陵，包括福建、广东、广西、海南等省份。主要种植水稻、薯类、玉米、甘蔗等作物，一年三熟或一年两熟。该区丘陵县和山区县具体如表 1-6 所示。

表 1-6　华南丘陵山地三熟二熟区丘陵县和山区县

省份	类型	区县
福建	丘陵县	闽侯县、平潭县、福清市、长乐区、仙游县、惠安县、晋江市、南安市、云霄县、漳浦县、诏安县、龙海区
	山区县	连江县、罗源县、闽清县、永泰县、明溪县、清流县、宁化县、大田县、尤溪县、沙县、将乐县、泰宁县、建宁县、永安市、安溪县、永春县、德化县、长泰区、南靖县、平和县、华安县、顺昌县、浦城县、光泽县、松溪县、政和县、邵武市、武夷山市、建瓯市、建阳区、长汀县、永定区、上杭县、武平县、连城县、漳平市、霞浦县、古田县、屏南县、寿宁县、周宁县、柘荣县、福安市、福鼎市
广东	丘陵县	增城区、高明区、台山市、鹤山市、恩平市、电白区、化州市、高要区、四会市、惠阳区、博罗县、海丰县、陆河县、陆丰市、阳东区、清新区、揭西县、惠来县

（续）

省份	类型	区县
广东	山区县	从化区、曲江区、始兴县、仁化县、翁源县、乳源瑶族自治县、新丰县、乐昌市、南雄市、南澳县、高州市、信宜市、广宁县、怀集县、封开县、德庆县、惠东县、龙门县、梅县区、大埔县、丰顺县、五华县、平远县、蕉岭县、兴宁市、紫金县、龙川县、连平县、和平县、东源县、阳西县、阳春市、佛冈县、阳山县、连山壮族瑶族自治县、连南瑶族自治县、英德市、连州市、饶平县、新兴县、郁南县、云安区、罗定市
广西	丘陵县	隆安县、上林县、横县、柳江区、柳城县、鹿寨县、阳朔县、临桂区、灵川县、全州县、兴安县、永福县、灌阳县、平乐县、荔浦市、恭城瑶族自治县、苍梧县、藤县、蒙山县、岑溪市、东兴市、灵山县、浦北县、平南县、桂平市、容县、陆川县、博白县、兴业县、北流市、田阳区、田东县、平果市、靖西市、八步区、钟山县、金城江区、罗城仫佬族自治县、大化瑶族自治县、宜州区、兴宾区、象州县、武宣县、合山市、江州区、扶绥县、宁明县、大新县、凭祥市
	山区县	马山县、融安县、融水苗族自治县、三江侗族自治县、龙胜各族自治县、资源县、上思县、右江区、德保县、那坡县、凌云县、乐业县、田林县、西林县、隆林各族自治县、昭平县、富川瑶族自治县、南丹县、天峨县、凤山县、东兰县、环江毛南族自治县、巴马瑶族自治县、都安瑶族自治县、忻城县、金秀瑶族自治县、龙州县、天等县
海南	丘陵县	万宁市、东方市、屯昌县、澄迈县、昌江黎族自治县、陵水黎族自治县
	山区县	五指山、白沙黎族自治县、乐东黎族自治县、保亭黎族苗族自治县、琼中黎族苗族自治县

新疆维吾尔自治区丘陵山区有9个县，各县分布较为分散，农区多分布于荒漠半荒漠中的绿洲，地形条件、生产环境和种植结构存在一定差异，与上述六大区也有较大不同，故暂未纳入研究。

4. 耕作制度和土壤条件

各省份丘陵县和山区县耕作制度来源于《农用地质量分等规程》（GB/T 28407—2012），各类耕作制度茬口配置来源于各地相关农作物生产技术规程等文献资料和专家调研，土壤种类和生产性能概述来源于中国科学院土壤科学数据中心发布的中国土种数据库——基于第二次土壤普查的全国性土壤数据集（doi：10.11666/150820.soil.db）。

参考文献

罗锡文，2011. 对发展丘陵山区农业机械化的思考［J］. 农机科技推广（2）：17-20.

王晓文，袁寿其，贾卫东，2022. 丘陵山区农业机械化现状与发展［J］. 排灌机械工程学报，40（5）：535-540.

第二章　云南省农业机械化发展情况

一、丘陵山区地域范围

云南省，简称云，别称滇，面积 394 029 平方公里，辖 8 个地级市、8 个自治州，17 个市辖区、18 个县级市、65 个县、29 个自治县（合计 129 个县级行政区划单位）。云南省共有 8 个丘陵县和 112 个山区县，分布于昆明市、曲靖市、玉溪市、保山市、丽江市等 16 个地级市（自治州）。120 个丘陵县和山区县行政区域面积共 372 839 平方公里①，占云南全省行政区域面积的 94.62%。由此可见，云南省是我国典型的丘陵山区省份。

丘陵县包括：呈贡区、嵩明县、陆良县、通海县、砚山县、勐海县、宾川县、石林彝族自治县。

山区县包括：晋宁区、富民县、宜良县、安宁市、马龙区、师宗县、罗平县、富源县、会泽县、沾益区、宣威市、江川区、澄江市、华宁县、易门县、施甸县、腾冲市、龙陵县、昌宁县、昭阳区、鲁甸县、巧家县、盐津县、大关县、永善县、绥江县、镇雄县、彝良县、威信县、水富市、永胜县、华坪县、思茅区、临翔区、凤庆县、云县、永德县、镇康县、楚雄市、双柏县、牟定县、南华县、姚安县、大姚县、永仁县、元谋县、武定县、禄丰县、个旧市、开远市、蒙自市、建水县、石屏县、弥勒市、泸西县、元阳县、红河县、绿春县、文山市、西畴县、马关县、丘北县、广南县、富宁县、景洪市、勐腊县、大理市、祥云县、弥渡县、永平

① 数据来源于 2019 年《中国县域统计年鉴》，下同。

县、云龙县、洱源县、剑川县、鹤庆县、瑞丽市、芒市、梁河县、香格里拉市、禄劝彝族苗族自治县、寻甸回族彝族自治县、兰坪白族普米族自治县、宁洱哈尼族彝族自治县、福贡县、维西傈僳族自治县、新平彝族傣族自治县、德钦县、景谷傣族彝族自治县、耿马傣族佤族自治县、金平苗族瑶族傣族自治县、元江哈尼族彝族傣族自治县、麻栗坡县、巍山彝族回族自治县、贡山独龙族怒族自治县、墨江哈尼族自治县、玉龙纳西族自治县、澜沧拉祜族自治县、镇沅彝族哈尼族拉祜族自治县、孟连傣族拉祜族佤族自治县、双江拉祜族佤族布朗族傣族自治县、江城哈尼族彝族自治县、盈江县、峨山彝族自治县、宁蒗彝族自治县、景东彝族自治县、陇川县、西盟佤族自治县、沧源佤族自治县、屏边苗族自治县、泸水市、河口瑶族自治县、漾濞彝族自治县、南涧彝族自治县。

二、社会经济与人口总体情况

云南省丘陵山区行政面积占全省的比重超过 90%，人口超 90%，经济产出近 70%，农业产值占经济总量的比重较高。据统计，2019 年云南省 120 个丘陵县和山区县当年地区生产总值（GDP）为 16 131 亿元，户籍人口 4 275 万人，第一产业增加值 2 863亿元，一般公共预算收入 864 亿元，一般公共预算支出 4 213 亿元[①]，分别占全省的 69.46%、88.01%、94.24%、41.66%和 62.24%（表 2－1）；第一产业增加值占 GDP 的比重为 17.75%，比全省高出 4.67 个百分点，比全国高出 10.64 个百分点（图 2－1）。

① 数据来源于 2019 年《中国县域统计年鉴》，下同。

表 2-1　云南省丘陵山区社会经济与人口总体情况

	行政区域面积（平方公里）	户籍人口（万人）	地区生产总值（亿元）	第一产业增加值（亿元）	一般公共预算收入（亿元）	一般公共预算支出（亿元）
丘陵山区县	372 839	4 275	16 131	2 863	864	4 213
全省	394 029	4 858	23 224	3 038	2 074	6 770
占比（%）	94.62	88.01	69.46	94.24	41.66	62.24

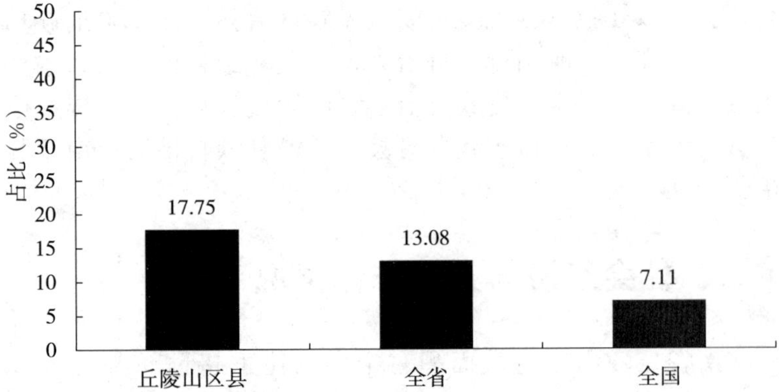

图 2-1　云南省丘陵山区第一产业增加值占地区生产总值比重与全省、全国对比

三、农业生产结构

1. 全省情况

从全省农业种植情况来看，2021 年[①]云南省农作物播种面积共 7 057.2 千公顷，其中水稻、小麦、玉米、豆类、薯类播种面积分别为 753.8 千公顷、291.1 千公顷、1 879.4 千公顷、464.4 千公顷、600.5 千公顷；油料播种面积 305.8 千公顷，以油菜籽为主；

① 数据来源于 2022 年《中国统计年鉴》，下同。

麻类作物播种面积仅 0.6 千公顷；糖料作物播种面积 227.8 千公顷；烟叶播种面积 408.6 千公顷，以烤烟为主；蔬菜播种面积 1 291.6千公顷。水稻、小麦、玉米、豆类、薯类、油料、糖料、烟叶、蔬菜播种面积占农作物总播种面积的比例分别为 10.68%、4.12%、26.63%、6.58%、8.51%、4.33%、3.23%、5.79%、18.30%（表 2－2）。可见，水稻、玉米、薯类和蔬菜是云南主要农作物。云南茶园、果园面积分别为 504.6 千公顷和 708.4 千公顷。

表 2－2　云南省农业种植结构

品种	播种面积（千公顷）	占比（%）
农作物总播种面积	7 057.2	100.00
水稻	753.8	10.68
小麦	291.1	4.12
玉米	1 879.4	26.63
豆类	464.4	6.58
大豆	149.6	2.12
薯类	600.5	8.51
棉花	0	0.00
油料	305.8	4.33
花生	44	0.62
油菜籽	253.2	3.59
芝麻	0.1	0.00
麻类	0.6	0.01
糖料	227.8	3.23
甘蔗	227.8	3.23
甜菜	0	0.00
烟叶	408.6	5.79
烤烟	397.6	5.63
蔬菜	1 291.6	18.30

（续）

品种	播种面积（千公顷）	占比（%）
茶园面积	504.6	—
果园面积	708.4	—

从主要农作物占全国的比例来看，云南省粮食作物播种面积占全国粮食播种总面积的 3.56%，薯类占 8.19%，油料占 2.33%，蔬菜占 5.87%，茶园和果园分别占 15.25%和 5.53%（图 2-2）。可见，云南省薯类和茶叶在全国占有重要地位。

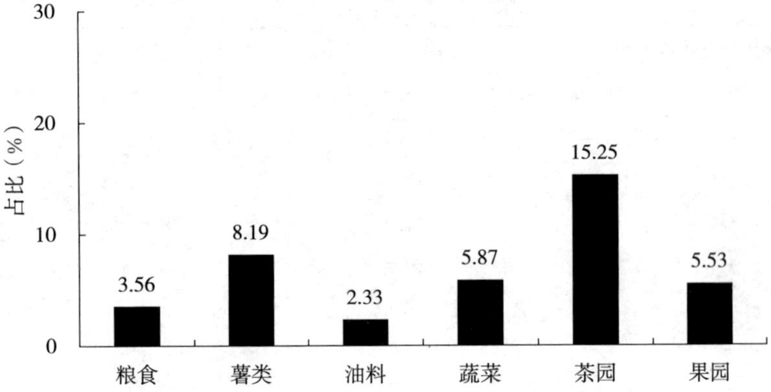

图 2-2　云南省主要农作物播种面积占全国的比例

2. 丘陵山区情况

据统计，2016 年云南省 117 个丘陵县和山区县[①]农作物总播种面积为 6 686.38 千公顷，其中水稻播种面积 651.34 千公顷，中稻和一季晚稻占 90.26%；小麦播种面积 359.46 千公顷，冬小麦占 99.89%；玉米播种面积为 1 641.43 千公顷；豆类播种面积 508.84 千公顷；薯类播种面积为 668.08 千公顷；油料作物播种面积为 343.47 千公顷，花生和油菜籽分别占 14.24%和 81.96%；蔬菜播

① 数据来源于 2016 年农业农村部县级普查数据，下同。云南省安宁市、嵩明县和澄江市 3 个县（市）数据缺失，因此本部分只统计 117 个丘陵县和山区县。

种面积 828.00 千公顷。茶园和果园面积分别为 430.66 千公顷和 487.86 千公顷。从作物播种面积占全省的比例来看，丘陵山区农作物播种面积占全省农作物总播种面积的比例为 93.33%；水稻、小麦、玉米、豆类、薯类、油料作物和蔬菜播种面积占全省各类作物播种面积的比例分别为 57.64%、83.54%、100%、92.08%、99.18%、96.53%和 79.61%；茶园和果园面积所占比例分别为 99.03%、94.62%（表 2-3）。

表 2-3　云南省丘陵山区县农业种植结构

作物	丘陵山区县播种面积（千公顷）	占全省比例[①]（%）
农作物总播种面积	6 686.38	93.33
水稻	651.34	57.64
中稻和一季晚稻	587.92	—
小麦	359.46	83.54
冬小麦	359.07	—
玉米	1 641.43	100
豆类	508.84	92.08
薯类	668.08	99.18
油料作物	343.47	96.53
花生	48.91	98.61
油菜籽	281.50	96.08
蔬菜	828.00	79.61
茶园面积	430.66	99.03
果园面积	487.86	94.62

① 因此处计算分子所用数据为 2016 年的县域统计数据，因此分母全省数据也采用相应年份的统计数据。

四、农业机械化率与农机装备结构

1. 农业机械化率

据测算，2021 年云南省农作物耕种收综合机械化率为 21.58%[①]，其中机耕率、机播率和机收率分别为 42.71%、4.90% 和 10.08%。三大粮食作物水稻、小麦、玉米的耕种收综合机械化率分别为 40.73%、59.94%、24.21%[②]。云南省农作物耕、种、收各环节机械化率均处于较低水平（图 2－3）。

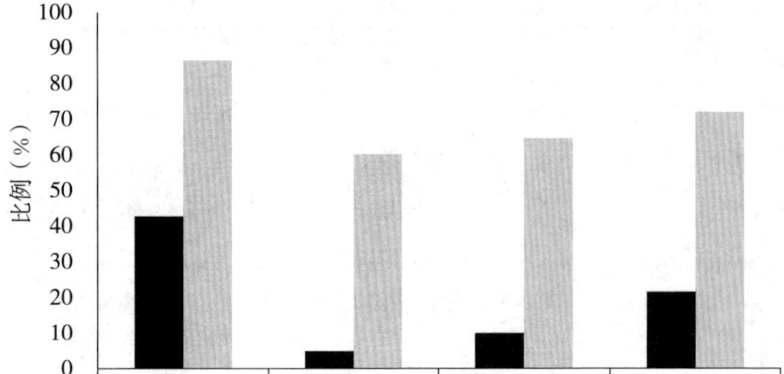

	机耕率（%）	机播率（%）	机收率（%）	综合机械化率（%）
■云南省	42.71	4.90	10.08	21.58
▒全国	86.42	60.22	64.66	72.03

图 2－3　云南省农作物耕种收综合机械化水平与全国对比

① 采用《全国农业机械化统计年报》中的 2021 年机耕面积、机播面积、机收面积、机械免耕播种面积及 2022 年《中国统计年鉴》中的 2021 年农作物播种面积数据，依据农业行业标准 NY/T 1408.1—2007《农业机械化水平评价　第 1 部分：种植业》测算机械化率，下同。

② 因缺乏具体作物的机械化免耕播种面积数据，测算出的三大粮食作物机械化率数据可能会略低于实际情况。

2. 农机装备结构

2021 年云南全省农机总动力 2 838.89 万千瓦[①]，每万亩[②]拥有农机总动力 2 680 千瓦，低于全国平均水平（4 260 千瓦）（图 2-4）。主要农业机械保有量如表 2-4 所示。可以看出：①拖拉机以小型为主，每万亩拥有拖拉机动力 600 千瓦，远低于全国平均水平。2021 年全省拖拉机保有量 34.99 万台，其中小型拖拉机占比 80.42%，大型拖拉机占比 2%。②耕整地机械以微耕机为主，微耕机占各类耕整机械总量的 55.9%，高效耕整地作业机械保有量较少。③播种机数量较少，每万亩拥有水稻播种/栽植机械 2 台，不足全国平均水平的 1/10。④植保机械以传统低效植保机为主，自走式植保机、无人植保机等高效植保机械占比不足 1%。⑤全省拥有谷物联合收割机 0.87 万台，平均每万亩拥有谷物联合收割机数量仅 2 台，其中稻麦联合收割机 0.83 万台。油菜籽、马铃薯、采茶机等其他收获机械保有量较少。⑥收获后处理机械中，全省拥有粉碎还田机 0.11 万台，谷物烘干机 0.59 万台，果蔬烘干机 12.23 万台。⑦农产品初加工作业机械以粮食初加工机械为主，油料、蔬菜、茶叶等初加工机械保有量较低。⑧畜牧机械以饲料（草）加工机械设备为主，饲养机械和畜产品采集加工机械数量较少。全省拥有畜牧机械 165.64 万台（套），其中饲料（草）加工机械占比为 85.14%。⑨水产机械以增氧机为主，饲喂机械和捕捞机械数量较少。全省拥有水产机械 3.25 万台（套），其中增氧机占比 70.15%。

表 2-4　2021 年云南省主要农业机械保有量情况

机械类型	保有量（万台、套）
（一）拖拉机	34.99
1. 小型（30 马力及以下）	28.14

① 数据来源于 2021 年《全国农业机械化统计年报》，下同。

② 亩为非法定计量单位，1 亩=1/15 公顷。——编者注

（续）

机械类型	保有量（万台、套）
2. 中型（30～100 马力）	6.15
3. 大型（100 马力及以上）	0.70
（二）耕整地机械	179.68
1. 微耕机	100.44
2. 旋耕机	20.73
3. 深松机	0.64
4. 联合整地机	0.04
（三）种植施肥机械	0.54
1. 精量播种机	0.14
2. 整地施肥播种机	0.05
3. 水稻直播机	0.01
4. 水稻插秧机	0.26
乘坐式	0.06
（四）田间管理机械	
1. 机动植保机械	22.14
自走式	0.02
2. 植保无人机	1.20
3. 修剪机械	1.06
茶树修剪机	0.02
果树修剪机	1.04
（五）收获机械	
1. 谷物联合收割机	0.87
稻麦联合收割机	0.83
玉米联合收割机	0.04

（续）

机械类型	保有量（万台、套）
2. 油菜籽收获机械	0.02
3. 马铃薯收获机械	0.94
4. 蔬菜收获机械	<0.01
5. 采茶机	0.87
（六）收获后处理机械	
1. 秸秆粉碎还田机	0.11
2. 干燥机械	13.19
谷物烘干机	0.59
果蔬烘干机	12.23
3. 保鲜储藏设备	0.60
（七）农产品初加工机械	
1. 粮食初加工机械	83.38
2. 油料初加工机械	1.02
3. 蔬菜初加工机械	1.88
4. 茶叶初加工机械	6.58
（八）畜牧机械	165.64
1. 饲料（草）加工机械	141.02
2. 饲养机械	1.33
3. 畜产品采集加工机械	0.22
（九）水产机械	3.25
1. 水产养殖机械	3.20
增氧机	2.28
投饲机	0.89
2. 水产捕捞机械	0.02

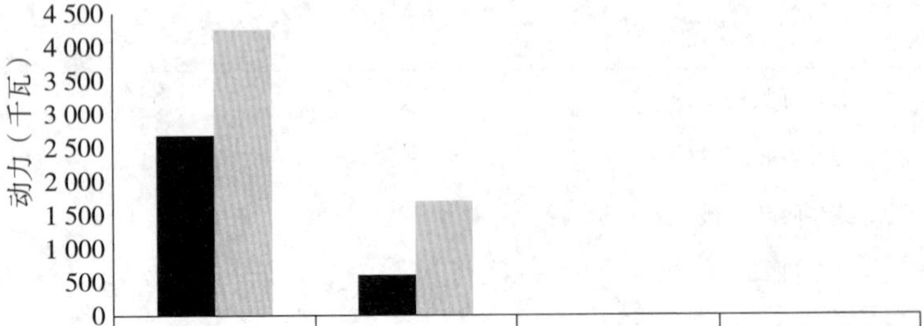

	每万亩拥有农机动力（千瓦）	每万亩拥有拖拉机动力（千瓦）	每万亩拥有水稻播种/栽植机械数量（台）	每万亩拥有谷物收割机数量（台）
■云南省	2 680	600	2	2
■全国	4 260	1 700	22	15

图 2-4　云南省每万亩拥有农机动力（数量）与全国对比

3. 新增农机装备

根据 2021 年、2022 年农机购置补贴公示数据情况[①]，云南省丘陵县和山区县购置农机的数量和享受补贴总额占全省 75%左右，购置的主要机型如表 2-5 所示：①动力机械以轮式拖拉机为主，其中 60～90 马力段中型拖拉机购买比例在 65%左右，100 马力及以上大型拖拉机购买占比超 20%。②耕整地机械以微耕机为主。③播种机和水稻插秧机购买量均有较为明显的增长趋势，新增的水稻插秧机以 4～6 行为主。④植保无人机和修剪机械购买量较多。⑤谷物联合收割机以全喂入机型为主，其中 4 千克/秒及以上较大喂入量机型占比超 50%；薯类收获机购买量逐步增加；采茶机 2021 年购置量较大，2022 年急剧收缩。⑥果蔬烘干机亦是 2021 年购置量较大。⑦智能驾驶系统购置量逐渐增多。

① 根据网络公开数据整理统计，下同。

表 2-5　云南丘陵山区 2021 年、2022 年新增农机装备情况

机械类型	2021 年新增（台、套）	2022 年新增（台、套）
（一）拖拉机	4 315	5 933
1. 轮式拖拉机	4 294	5 879
60～90 马力	2 706	3 851
100 马力以上	915	1 333
2. 履带式拖拉机	21	54
（二）耕整地机械		
微耕机	21 655	17 129
（三）种植机械		
1. 播种机械	314	345
2. 水稻插秧机	44	118
4～6 行	35	89
7 行及以上	9	29
（四）田间管理机械		
1. 植保机械	3 411	900
喷杆喷雾机	19	0
植保无人机	205	652
2. 修剪机械	4 815	17 882
（五）收获机械		
1. 谷物联合收获机械	378	388
全喂入谷物联合收割机	344	336
2 千克/秒及以下全喂入	104	128
4 千克/秒及以上全喂入	213	198
3. 薯类收获机械	1 909	1 088
4. 采茶机	1 443	0
（六）收获后处理机械		
1. 谷物烘干机	60	5

（续）

机械类型	2021 年新增（台、套）	2022 年新增（台、套）
2. 果蔬烘干机	19 755	0
（七）智能驾驶系统	6	77

五、耕地地形条件

云南地貌复杂，以山地、高原地形为主要特色，具有山地、高原、盆地等三种地貌类型，分别占全省面积的 84%、10%、6%。耕地地块形状和坡度易受原始地貌限制，是影响农业机械装备作业效率的重要因素。本节将分别从耕地地块的坡度、面积、形状和田间道路通达情况四个方面对四川省的耕地地形条件进行分析。第三章、第四章和第五章对耕地地形条件分析使用的数据来源及其分析方法与本章节一致，在后文中将不再赘述。

1. 耕地坡度

根据资源学科创新平台数据库对云南省耕地资源调查数据整理，云南省全省耕地坡度分类如表 2-6 所示。

表 2-6　云南省耕地坡度占比情况

坡度	坡耕地（%）	梯田（%）	占比（%）
≤2°耕地		11.70	11.70
2°～6°耕地	8.11	4.91	13.03
6°～15°耕地	23.17	5.44	28.62
15°～25°耕地	29.26	4.41	33.67
>25°耕地	11.85	1.14	12.99
总计	72.39	27.61	100.00

云南省 72.39% 的耕地为坡耕地，27.61% 的耕地为梯田。15°～25°坡度的耕地占比最大，为 33.67%；其次 6°～15°坡度的耕

地占比为 28.62%。6°～25°坡度的耕地合计占比达到 62.29%，在此坡度范围内，坡耕地占比超过一半。总体而言，耕地坡度越大，坡耕地占比越高，如当耕地坡度≤2°时，耕地全部为梯田（平田）；当坡度>25°时，坡耕地占比超过 91.22%，改造需求较大。

2. 耕地面积

基于天地图遥感影像挖掘和地理信息技术，抽样调查了全省 7 个县 37 个村 3 503 个地块面积。基于 QGIS 平台上加载天地图遥感影像，影像采集时间主要分布在 2021—2022 年。在 QGIS 平台上每村相对集中勾勒出 100 个地块的矢量边界，将采集的地块边界矢量文件导入 ARCGIS，计算出每个地块的面积，具体面积分段数据如表 2-7 所示。

表 2-7　云南省农田面积分段

面积分段区间（亩）	地块数量（个）	占比（%）
(0，0.5]	677	19.33
(0.5，1]	1 085	30.97
(1，1.5]	719	20.53
(1.5，2]	409	11.68
(2，+]	613	17.50
合计	3 503	100.00

在各分段区间内，云南省耕地面积分段数量最多的为 (0.5，1] 亩区间，占总抽样地块数据的 30.97%。1 亩以下的地块数量有 1 762个，占比 50.3%。地块面积过小，中大型农业机械效率难以发挥。据前期试验结果，当地块面积小于 1 亩时，中型农机作业效率显著降低 40%。面积 2 亩以上的地块数量共计 613 个，占比 17.5%，这部分地块对农机作业效率负面影响较小。

3. 耕地地形

地块长宽比是影响农业机械作业效率的重要因素。同种规格的农业机械，如果地块长宽比越大，就意味着作业过程中调头的次数越少，效率更高。报告中通过计算抽样地块的较长边与较短边的比值来衡量长宽比。抽样样本的长宽比最小值为 1.00，最大值为 9.02。如表 2-8 所示，云南省 75.59%的地块长宽比在 2 及以下，接近于方形，要求农机作业调头次数会更多。在抽样样本中，云南省长宽比达到 3.33 的地块数量仅有 195 个，占样本总数的 5.57%。

表 2-8　云南省耕地地块长宽比分段

长宽比	地块数（块）	比例（%）
(1，2]	2 648	75.59
(2，3]	574	16.39
(3，4]	186	5.31
(4，+)	95	2.71
合计	3503	100.00

地块形状也会影响机械装备作业的效率。地块形状越接近于矩形，机械作业越不容易重复路线，作业效率就越高。报告中对每个样本地块绘制了一个最小的外接矩形，通过计算样本地块的面积与外接矩形面积的比值得到地块的矩形度，结果分布如表 2-9 所示。在所有样本中，矩形度最高为 0.94，最低为 0.09，平均值为 0.50。矩形度位于（0.3，0.6］区间地块数量最多，占比 62.20%；其次是矩形度位于（0.6，0.9］区间，占比 26.75%；第三是矩形度在（0，0.3］区间，占比 10.73%；占比最少的是矩形度在（0.9，1］区间的。结合上文对样本地块长宽比的分析，发现云南省地块的不规则特征较为明显，宜机化改造需要调整地块长宽比和矩形度。

表 2-9　抽样县地块矩形度分段

矩形度	地块数（块）	比例（%）
(0，0.3]	376	10.73
(0.3，0.6]	2 179	62.20

（续）

矩形度	地块数（块）	比例（%）
(0.6，0.9]	937	26.75
(0.9，1]	11	0.31
合计	3 503	100.00

4. 耕地道路通达情况

耕地田间道路通达率是农田宜机性的重要指标。当机耕道路修建较为完备时，可有效弥补坡度和高差对农机田间转移的影响。表2-10为云南省7个抽样县耕地地块田间道路通达率情况。样本县耕地地块道路通达率的均值为11.31%，富宁县、宾川县和孟连傣族拉祜族佤族自治县3个县耕地道路通达率不足8%，剑川县、香格里拉市和宣威市3个县道路通达率低于20%，南华县道路通达率不足30%，所有县道路通达率都低于50%。

表2-10　抽样县耕地道路通达率情况

名称	耕地道路通达数量（个）	耕地道路通达率（%）
宾川县	38	7.30
富宁县	8	1.64
剑川县	65	13.05
南华县	126	25.40
香格里拉市	80	16.00
宣威市	71	14.14
孟连傣族拉祜族佤族自治县	8	1.62

六、耕作制度与茬口时期

1. 云南省主要耕作制度

依据GB/T 28407—2012《农用地质量分等规程》中的我国标

准耕作制度速查表，云南省丘陵山区复种类型包括一年一熟制、一年二熟制和一年三熟制，其主要耕作制度如下：

昆明市：呈贡区、石林彝族自治县、嵩明县、晋宁区、富民县、宜良县、安宁市、禄劝彝族苗族自治县、寻甸回族彝族自治县主要为小麦—水稻轮作、小麦/玉米套作和玉米单作。

曲靖市：陆良县、马龙区、师宗县、罗平县、富源县、沾益区、宣威市主要为小麦—水稻轮作、小麦—玉米轮作，会泽县主要为小麦—水稻轮作、小麦/玉米套作和玉米单作。

玉溪市：通海县、江川区、澄江市、华宁县、易门县、峨山彝族自治县主要为小麦—水稻轮作、小麦/玉米套作和玉米单作，新平彝族傣族自治县、元江哈尼族彝族傣族自治县主要为小麦—水稻轮作、小麦—玉米轮作。

文山壮族苗族自治州：砚山县、文山市、西畴县、麻栗坡县、马关县、丘北县、广南县、富宁县主要为小麦—水稻轮作、小麦—玉米轮作。

西双版纳傣族自治州：渤海县、景洪市、勐腊县主要为甘薯—早稻—晚稻轮作、花生—早稻—晚稻轮作、早稻—晚稻轮作、豆—稻轮作。

大理白族自治州：大理市、弥渡县、宾川县、南涧彝族自治县、巍山彝族回族自治县、漾濞彝族自治县、永平县主要为小麦—水稻轮作、小麦—玉米轮作，祥云县主要为小麦—水稻轮作、小麦/玉米套作和玉米单作，云龙县、洱源县、剑川县、鹤庆县主要为春小麦、青稞或者油菜单作。

保山市：施甸县、腾冲市、龙陵县、昌宁县主要为小麦—水稻轮作、小麦—玉米轮作。

昭通市：昭阳区、鲁甸县、巧家县、盐津县、大关县、永善县、绥江县、镇雄县、彝良县、威信县、水富市主要为小麦—水稻轮作、小麦/玉米套作和玉米单作。

丽江市：玉龙纳西族自治县、永胜县、宁蒗彝族自治县主要为春小麦、青稞和油菜单作，华坪县主要为小麦—水稻轮作、小麦/

玉米套作和玉米单作。

普洱市：思茅区、江城哈尼族彝族自治县、孟连傣族拉祜族佤族自治县、西盟佤族自治县、澜沧拉祜族自治县主要为甘薯—早稻—晚稻轮作、花生—早稻—晚稻轮作、早稻—晚稻轮作、豆—稻轮作，宁洱哈尼族彝族自治县、墨江哈尼族自治县、景东彝族自治县、景谷傣族彝族自治县、镇沅彝族哈尼族拉祜族自治县主要为小麦—水稻轮作、小麦—玉米轮作。

临沧市：临翔区、凤庆县、云县、永德县、镇康县、双江拉祜族佤族布朗族傣族自治县、耿马傣族佤族自治县主要为小麦—水稻轮作、小麦—玉米轮作，沧源佤族自治县主要为甘薯—早稻—晚稻轮作、花生—早稻—晚稻轮作、早稻—晚稻轮作、豆—稻轮作。

楚雄彝族自治州：楚雄市、双柏县、牟定县、南华县、姚安县、大姚县、永仁县、元谋县、武定县、禄丰县主要为小麦—水稻轮作、小麦/玉米套作和玉米单作。

红河哈尼族彝族自治州：个旧市、开远市、蒙自市、屏边苗族自治县、建水县、石屏县、弥勒市、泸西县、元阳县、红河县主要为小麦—水稻轮作、小麦—玉米轮作，河口瑶族自治县金平苗族瑶族傣族自治县、绿春县主要为甘薯—早稻—晚稻轮作、花生—早稻—晚稻轮作、早稻—晚稻轮作、豆—稻轮作。

德宏傣族景颇族自治州：瑞丽市、芒市、梁河县、盈江县、陇川县主要为小麦—水稻轮作、小麦—玉米轮作。

怒江傈僳族自治州：泸水市、福贡县、贡山独龙族怒族自治县、兰坪白族普米族自治县主要为春小麦、青稞和油菜单作。

迪庆藏族自治州：香格里拉市、德钦县、维西傈僳族自治县主要为春小麦、青稞和油菜单作。

2. 各类耕作制度茬口时期

小麦—水稻轮作：德宏、保山、大理小麦播种时间为 9 月底至 10 月底，收获时间为 4 月中旬至 5 月中旬；水稻育秧播种时间为 3 月下旬至 4 月下旬，插秧时间为 4 月下旬至 6 月初，收获时间 9 月中旬至10月下旬。其他地区小麦播种时间为9月上旬至10月中旬，收获时间为4月上旬至5月上旬；水稻育秧播种时间为3月中旬至4月中旬，插秧时间为4月中旬至5月下旬，收获时间为8月下旬至10月上旬。

小麦—玉米轮作：小麦播种时间为9月中旬至10月下旬，收获时间为4月上旬至5月中旬。玉米播种时间为5月下旬至6月中旬，收获时间为9月上旬至10月上旬。

甘薯—早稻—晚稻轮作：早稻1月下旬至2月上旬育秧播种，2月下旬至3月上旬移栽，5月下旬至6月中旬收获；晚稻5月上旬至5月中旬育秧播种，6月上旬至6月中旬移栽，9月下旬至10月中旬收获；甘薯10月种植，翌年1—2月收获。

花生—早稻—晚稻轮作：早稻1月下旬至2月上旬育秧播种，2月下旬至3月上旬移栽，5月下旬至6月中旬收获；晚稻5月上旬至5月中旬育秧播种，6月上旬至6月中旬移栽，9月下旬至10月中旬收获；花生10月种植，翌年1—2月收获。

早稻—晚稻轮作：早稻2月下旬至3月上旬育秧播种，3月下旬至4月中旬移栽，6月下旬至7月中旬收获；晚稻5月下旬至6月中旬育秧播种，6月下旬至7月下旬移栽，10月中旬至11月上旬收获。

豆—稻轮作：大豆2—3月播种，6月底至7月初收获；水稻5月下旬至6月中旬育秧播种，6月底至7月下旬移栽，10月中旬至11月上旬收获。

小麦/玉米套作：小麦9月下旬至10月中旬播种，3月下旬至4月中旬套作玉米，5月中旬至6月上旬收获小麦，8—9月收获玉米。

玉米单作：3月下旬至4月下旬播种，8月前后收获。

春小麦单作：2—4月播种，7月中旬至8月上旬收获。

青稞单作：3—4月播种，7—8月收获。

油菜单作：4月前后播种，9月前后收获。

七、土壤种类

依据我国第二次土壤普查数据，云南省丘陵山区市县的主要土壤种类如下：

昆明市：主要为靖外红土、红泥、大红土、磷砂土、瘦红泥、华宁红土、越州红泥、棕灰汤土、黑汤大土、钙紫泥、海漂土、鸡粪土田、宜良胶泥田、暗紫鸡粪土田、南华紫泥田、澄江白泥田、宜良黄砂田、祥云青泥田。其中晋宁区主要为磷砂土，富民县主要为黄羊肝土，宜良县主要为红泥、瘦红泥、宜良胶泥田、宜良黄砂田，寻甸回族彝族自治县主要为厚涩红土。

曲靖市：主要为靖外红土、丘北黄红泥、红泥、大红土、瘦红泥、华宁红土、越州红泥、厚涩红土、砾石红大土、灰泡大泥、灰泡大土、棕灰泡泥、棕灰泡土、棕灰汤土、紫灰汤土、洪积砂泥、油砂土、浮泥、黑泡土、黄泡土、黄羊肝土、黄紫泥、红羊肝土、海漂土、暗灰泥田、祥云红胶泥田、楚雄红砂泥田、澄江白泥田、黄浮泥田、黄胶泥田、宜良黄砂田、巍山紫砂泥田、陇川润砂田、青灰胶泥田、灰红泥田、青灰冷浸田、祥云青泥田。其中，陆良县主要为厚涩红土，马龙区主要为厚涩红土，师宗县主要为厚涩红土，罗平县主要为砾石红大土、黄泡土，富源县主要为厚涩红土，会泽县主要为砾石红大土，宣威市主要为靖外红土、大红土、厚涩红土、砾石红大土、油砂土、海漂土。

玉溪市：主要为墨江赤黏土、澜沧赤红泥、丘北黄红泥、红泥、华宁红土、棕红大土、红泡土、钙紫泥、宜良胶泥田、暗灰泥田、大理红泥田、澄江白泥田、黄胶泥田、宜良黄砂田。其中，江川区主要为棕红大土、黄胶泥田，澄江县主要为澄江白泥田，华宁县主要为棕红大土，新平彝族傣族自治县主要为砾质暗棕泥、砂燥土、暗红泥田、新平紫胶泥田，元江哈尼族彝族傣族自治县主要为麻砂灰土、厚燥土。

文山壮族苗族自治州：主要为盈江麻砖土、黄末香土、丘北黄红泥、水富黄泥、红泡土、黑泡土、黄泡土、钙紫泥、暗红泥田、大理红泥田、楚雄红砂泥田、澄江白泥田、陇川润砂田、青灰胶泥田。其中，丘北县主要为丘北黄红泥。

西双版纳傣族自治州：主要为景洪砖红壤、景洪砖红泥、红香末土、墨江赤黏土、澜沧赤红泥、黄末香土、洪积砂泥、油砂土、暗灰泥田。其中，景洪市主要为景洪砖红壤、景洪砖红泥。

大理白族自治州：主要为润红土、油红大土、丘北黄红泥、灰泡大泥、灰泡大土、紫灰泡土、棕灰泡土、棕灰汤土、紫灰汤土、砂灰汤泥、棕黑汤土、棕黑汤泥、紫黑汤土、黑汤大土、砾质褐红大土、洪积砂泥、油砂土、浮泥、红泡土、黄羊肝土、黄紫泥、红羊肝土、红紫泥、紫砂土、鸡粪土田、暗红鸡粪土田、暗紫鸡粪土田、大理红泥田、南华紫泥田、祥云红胶泥田、黄浮泥田、黄胶泥田、宜良黄砂田、新平紫胶泥田、灰紫砂泥田、青灰冷浸田。其中，宾川县主要为润红土、灰泡大泥，祥云县主要为祥云红胶泥田、祥云青泥田，南涧彝族自治县主要为润红土、紫灰泡土，巍山彝族回族自治县主要为黄紫泥、巍山紫砂泥田，云龙县主要为紫黑汤土，洱源县主要为油红大土，鹤庆县主要为润红土、厚褐红土、青灰胶泥田。

保山市：主要为墨江赤黏土、澜沧赤红泥、黄大土、水富黄泥、麻灰泡泥、红泡土、黑泡土、鸡粪土田、暗红泥田、祥云红胶泥田、青灰胶泥田。其中，腾冲市主要为焦泥土。

昭通市：主要为靖外红土、红泥、越州红泥、黄大土、水富黄泥、昭通黄泥、窑泥土、华坪灰泡砂土、灰泡大泥、灰泡大土、棕灰泡泥、棕灰泡土、砂灰泡土、棕灰汤土、砂灰汤泥、砂灰汤土、棕黑汤土、棕黑汤泥、黑汤大土、砾质褐红大土、厚褐红土、浮泥、黄泡土、黄羊肝土、黄紫泥、紫砂土、海漂土、暗红泥田、暗紫鸡粪土田、灰紫砂泥田、灰红泥田、祥云青泥田。其中，巧家县主要为棕灰泡泥、棕灰泡土，水富市主要为水富黄泥、水城橘黄泥。

丽江市：主要为华坪灰泡砂土、灰泡大泥、灰泡大土、棕红大土、棕灰泡泥、砂灰泡土、棕灰汤土、砂灰汤泥、砂灰汤土、棕黑汤土、棕黑汤泥、麻黑灰土、砾质褐红大土、厚褐红土、洪积砂泥、河浮泥、红泡土、黑泡土、紫泥土、海漂土、灰红泥田、祥云青泥田、棕石质冻土。其中，永胜县主要为棕红大土、紫灰汤土，华坪县主要为砂灰泡土，宁蒗彝族自治县主要为棕红大土、棕灰汤土、砂灰汤泥、砂灰汤土、黑汤大土、棕石质冻土。

普洱市：主要为红香末土、澜沧赤红泥、赤香末土、黄末香土、麻灰泡泥、紫灰泡土、黑泡土、黄泡土、红羊肝土、红紫泥、紫泥土、鸡粪土田、暗红鸡粪土田、暗紫鸡粪土田、祥云红胶泥田、楚雄红砂泥田、黄浮泥田、巍山紫砂泥田、新平紫胶泥田、青灰冷浸田、赤香末土。其中，墨江哈尼族自治县主要为赤香末土，景东彝族自治县主要为赤香末土，景谷傣族彝族自治县主要为澜沧麻赤红土、暗红鸡粪土田，镇沅彝族哈尼族拉祜族自治县主要为暗紫鸡粪土田，孟连傣族拉祜族佤族自治县主要为赤香末土，澜沧拉祜族自治县主要为澜沧赤红泥、澜沧麻赤红土、黄末香土、西盟佤族自治县主要为澜沧麻赤红土。

临沧市：主要为墨江赤黏土、澜沧赤红泥、黄末香土、油红大土、黄大土、华坪灰泡砂土、大理红泥田、楚雄红砂泥田、陇川润砂田。其中，永德县主要为麻灰泡泥。

楚雄彝族自治州：主要为越州红泥、紫灰泡土、紫灰汤土、紫黑汤土、厚褐红土、黄羊肝土、黄紫泥、红羊肝土、红紫泥、紫砂土、紫泥土、钙紫泥、宜良胶泥田、暗灰泥田、南华紫泥田、楚雄红砂泥田、巍山紫砂泥田、新平紫胶泥田、灰紫砂泥田、青灰冷浸田。其中，双柏县主要为红羊肝土，牟定县主要为暗灰泥田，南华县主要为河浮泥、南华紫泥田，大姚县主要为红紫泥，元谋县主要为麻燥土、紫泥土，禄丰县主要为紫砂土。

红河哈尼族彝族自治州：主要为盈江麻砖土、墨江赤黏土、黄末香土、水富黄泥、华坪灰泡砂土、麻灰泡泥、棕灰泡泥、棕灰泡土、浮泥、红紫泥、鸡粪土田、宜良胶泥田、暗红鸡粪土田、大理红泥田、黄浮泥田、黄胶泥田、巍山紫砂泥田、灰红泥田、青灰冷浸田。其中，屏边苗族自治县主要为焦泥土。

德宏傣族景颇族自治州：主要为盈江麻砖土、墨江赤黏土、澜沧赤红泥、黄大土、水富黄泥、河浮泥、暗红泥田、陇川润砂田、青灰胶泥田。其中，瑞丽市主要为赤砂泥土，芒市主要为赤砂泥土，梁河县主要为赤砂泥土，盈江县主要为赤砂泥土，陇川县主要为赤砂泥土、陇川润砂田。

怒江傈僳族自治州：主要为丘北黄红泥、麻灰泡泥、紫灰汤土、麻黑灰土、紫黑灰泥、砾质褐红大土、新平紫胶泥田。其中，兰坪白族普米族自治县主要为石子紫汤土、紫黑灰泥。

迪庆藏族自治州：主要为黑汤泥、麻黑灰土、洪积砂泥、河浮泥。香格里拉市主要为棕石质冻土。

结合土种生产性能概况表（附表1）可以看出，云南省丘陵山区农田土种性状多样，土壤肥力往往不佳，土体薄、砾石多的现象也较为常见。土质多为黏壤土至黏土，另有少量砂质壤土，土壤黏重难耕情况较多，部分土质适中不难耕作，少数土壤或疏松易耕但易漏水漏肥，或砾石含量高难以耕作，或水多土冷、泥烂、有锈水等有毒物质。适合中小型农机具作业，根据地形和土壤条件选择适宜动力，机具行走作业需克服黏重土壤的阻滞和黏附，并注意砾石对耕作部件的影响。浅薄土体不宜深耕深翻，以防止水土流失。

八、机械化作业及机具选型建议

1. 玉米

机械化作业建议：前茬作物秸秆粉碎还田，整地要做到碎、平、净，且上虚下实，为播种打好基础。选用精品种子，发芽率≥95%，种子发芽势高，机械单粒精量播种。玉米播种深度在3～5厘米，墒情好时浅播，干旱时加深。镇压要实，使种子与土壤紧密接触。玉米播后苗前要喷洒除草剂，建议在播种机上装除草剂喷洒装置，播种的同时喷洒土壤封闭型除草剂，还可同时喷洒杀虫杀卵剂。在大喇叭口期前可使用自走式高地隙喷杆喷雾机进行病虫草害防治，大喇叭口期以后可使用植保无人机进行飞防。玉米收获时，一般要求籽粒含水率<28%、叶片和秸秆的含水率<60%、玉米最低结穗高度一致、植株倒伏率≤5%；对收获质量要求籽粒损失率≤2.0%、果穗损失率≤3.0%、籽粒破碎率≤5.0%、籽粒含杂率≤5.0%、割茬高度≤10 厘米、秸秆还田粉碎长度≤10 厘米、秸秆粉碎还田合格率≥90%、秸秆抛撒不均匀率≤20%、秸秆覆盖均匀无堆积，以保证后茬作物正常播种为宜（表 2-11）。

表 2-11　云南省玉米生产全程机械化机具选型建议

机具名称	技术参数
拖拉机	50 马力左右中型拖拉机
播种机	2 行以上牵引式播种机，或指夹式玉米精量播种机，具有种肥同播功能
无人植保机	药箱容积≥10 升，续航时间≥15 分钟
玉米联合收割机	行数 2～4 行

2. 水稻

机械化作业建议：因地制宜地开展农田宜机化改造，切实改善农机通行和作业条件，提高农机适应性，配套完善水利设施，实现能排能灌。推广适宜水田作业的高性能高效率中大马力履带式拖拉机和轮式四驱拖拉机及其配套旋耕机、水田打浆平地机为主，推动微耕机更新和升级换代，实行大中小型合理配套，全面普及耕整地机械化技术。积极探索试验机械化育插秧、水（旱）直播、无盘旱育抛栽秧等多种机械化轻简种植方式。推广高效植保机械，加强绿色防控与统防统治结合，开展水稻病虫草害防治。大力推广适宜丘陵山区作业的水稻收割机，积极开展跨区收获，快速扩大水稻机收面积。开展节能、环保型的低温循环式烘干机和移动烘干机的示范推广，逐步提高粮食烘干处理机械化水平。水稻秸秆以翻埋灌水腐烂还田肥田为主（表 2-12）。

表 2-12　云南省水稻生产全程机械化机具选型建议

机具名称	技术参数
拖拉机	35～75 马力
微耕机	6～9 马力
水田旋耕机	耕深 10～16 厘米
水田起浆平地机	平整深度 5～10 厘米
铧式犁	耕深 15～22 厘米
育秧播种流水线	作业效率>400 盘/小时
手扶插秧机	2～6 行，行距 25 厘米或 30 厘米
植保无人机	药箱容积≥10 升，续航时间≥15 分钟
稻麦联合收获机	喂入量 0.6～6 千克/秒
粮食低温烘干机	低温循环式，批处理量 10 吨

3. 甘薯

机械化作业建议：①培育健康种苗。苗床选用交通便利、浇水方便、排水良好、向阳背风、海拔 200～600 米的地段和砂壤土，一般采用地膜加拱膜双膜育苗方式。对海拔较高地区或有早栽需求的，采用大棚加电热育苗方式；对播种较迟的，采用平膜覆盖育苗。②科学起垄栽培。在前作收获后或种苗移栽前 15 天及时深翻土地，不宜在土壤黏湿时耕作。地块耙平耙细后起垄，坡地垄距一般 80～90 厘米，垄高 20～30 厘米；平坝垄距一般 70～80 厘米，垄高30～40 厘米；机械化起垄，要求垄形饱满肥胖，垄沟窄深，垄面平，垄土塌实，无硬心。根据轮作制度适当调整施肥策略，通过秸秆还田、绿肥轮作、增施有机肥等措施综合提升甘薯主产区耕地质量。③科学合理密植。鲜食品种宜选择水平法，其他品种采用斜插法进行栽插。选取 5～7 节长的尖梢苗进行栽插，3～4 节埋入土中，2～3 节露出地面，压实入土种苗。根据品种特性，选择适宜密度，净作种植密度宜 3 500～4 000 株/亩，套作种植密度宜3 000～3 500株/亩。鲜食品种宜密栽植。④适时采收贮运。鲜食甘薯根据市场情况收挖和销售；种薯宜在霜降前收获完毕；淀粉加工或食品加工用甘薯根据企业需求时间收挖。收挖应结合土壤条件，晴天收挖、雨天不挖。建议就地分拣，当天收挖、当天入窖（库）。有条件的区域可进行高温愈合处理，采取适当方式进行安全贮藏，贮藏设施温度宜保持在10～13℃，空气相对湿度宜保持在80%～90%（表2-13）。

表2-13 云南省甘薯生产全程机械化机具选型建议

机具名称	技术参数
拖拉机	30～50马力
起垄机	垄距80～90厘米
移栽机	垄距80～90厘米甘薯移栽机，或甘薯起垄移栽复式作业机
割蔓机	垄距80～90厘米薯蔓粉碎还田机
收获机	垄距80～90厘米甘薯挖掘犁、挖掘收获机或联合收获机

4. 小麦

机械化作业建议：前茬水稻或玉米机械收获作业同时，将秸秆切碎匀抛，高留茬不利小麦播种作业，需用灭茬机再次对水稻秸秆进行粉碎作业，降低留茬高度；旋耕或犁耕整地后适时进行播种，提倡采用复式作业机械一次完成旋耕整地、播种施肥、镇压作业；播后及时进行机械开沟排水；适时进行病虫害防治和化控作业；小麦成熟后适时进行机械化收获及烘干，使得小麦含水率达到适宜贮藏的条件（表2-14）。

表2-14 云南省小麦生产全程机械化机具选型建议

机具名称	技术参数
拖拉机	35～75马力
秸秆粉碎还田机	幅宽1.2米以上
铧式犁	2～4铧犁
旋耕机	根据田块实际情况选择
小麦施肥播种复式作业机	2～8行

（续）

机具名称	技术参数
开沟机	梯形沟双圆盘开沟机
植保机械	自走式喷杆喷雾机
稻麦联合收割机	喂入量0.6～6千克/秒
粮食低温烘干机	低温循环式，批处理量10吨

5. 油菜

机械化作业建议：播种前，要确保田块土壤含水率不大于40%，否则必须晒田。浅耕、免耕直播油菜要求水稻的留茬高度不高于15厘米；田间秸秆粉碎还田，秸秆长度不大于5厘米。直播作业可采取机械浅耕联合播种、机械免耕联合播种、机械整地开沟+机械喷播和机械免耕开沟+机械喷播四种方式。育苗播种先要做好育苗准备，育苗场地应选择平整的水泥场地或平整后的田块，周围无遮光物，供水方便，排水顺畅。播种时使用适合油菜精量播种的苗盘播种流水线进行铺底土、浇水、播种、覆土等作业。机械移栽采用可一次性完成松土切缝开沟、切块栽插、覆土镇压等多道工序的油菜毯状苗移栽机。施肥环节如果采取种肥混播复式作业机具施用基肥，应选用吸水性差的颗粒肥料，以防止化肥在肥箱中结块堵塞；采用机械整地开沟和机械免耕开沟的方式时，要在开沟前先施基肥。除草和病虫害防治可选择喷杆喷雾机或超低空遥控无人植保机等机具进行机械化植保作业。收获方面，采用机械联合收获的机具选择上，对于直播油菜或株型适中的移栽油菜，选用能一次性完成收割、脱粒、清选的油菜联合收割机或双滚筒、纵轴流谷物联合收割机加装油菜收获装置进行收获。对于移栽油菜，特别是植株高大、高产的移栽油菜，宜采取先用割晒机进行割晒，后用捡拾收获机进行捡拾脱粒的分段收获方式。采用联合收获方式时，应在全田90%以上油菜角果外观颜色变黄色或褐色，完熟度基本一致的条件下进行；采用分段收获方式时，应在全田油菜70%～80%角果外观颜色呈黄绿或淡黄，种皮也由绿色转为红褐色时，采用割晒机进行割晒作业。将割倒的油菜就地晾晒后熟 5～7 天(根据天气，晾晒时间可以再延长)，成熟度达到 95%后，用捡拾收获机进行捡拾、脱粒及清选作业。应避开雨天和露水未干时收获（表 2-15）。

表 2-15　云南省油菜生产全程机械化机具选型建议

机具名称	技术参数
拖拉机	40～75 马力四轮驱动，或 35～70 马力轻型履带拖拉机
浅（免）耕联合播种机	播种行数≥4 行，具有旋耕、开沟、镇压、施肥、播种等功能
无人植保机	药箱容积≥10 升，续航时间≥15 分钟
油菜全喂入联合收割机	喂入量≥1.0 千克/秒，配备秸秆切碎装置
烘干机	批处理量≥10 吨

第三章　贵州省农业机械化发展情况

一、丘陵山区地域范围

贵州省，简称贵，别称黔，面积 172 972 平方公里，辖 6 个地级市、3 个自治州，16 个市辖区、10 个县级市、50 个县、11 个自治县、1 个特区（合计 88 个县级行政区划单位）。贵州省共有 78 个山区县，分布于贵阳市、六盘水市、遵义市、安顺市等 9 个地级市（自治州），其中毕节市、铜仁市、黔西南布依族苗族自治州、黔东南苗族侗族自治州、黔南布依族苗族自治州全域均为山区。78 个山区县行政区域面积共 168 682 平方公里，占贵州全省行政区域面积的 97.52%。

山区县包括：开阳县、息烽县、修文县、清镇市、水城区、盘州市、播州区、桐梓县、绥阳县、正安县、凤冈县、湄潭县、余庆县、习水县、赤水市、仁怀市、平坝区、普定县、大方县、黔西市、金沙县、织金县、纳雍县、赫章县、碧江区、万山区、江口县、石阡县、思南县、德江县、兴义市、兴仁市、普安县、晴隆县、贞丰县、望谟县、册亨县、安龙县、凯里市、黄平县、施秉县、三穗县、镇远县、岑巩县、天柱县、锦屏县、剑河县、台江县、黎平县、榕江县、从江县、雷山县、麻江县、丹寨县、都匀市、福泉市、荔波县、贵定县、瓮安县、独山县、平塘县、罗甸县、长顺县、龙里县、惠水县、六枝特区、七星关区、三都水族自治县、玉屏侗族自治县、沿河土家族自治县、松桃苗族自治县、道真仡佬族苗族自治县、务川仡佬族苗族自治县、镇宁布依族苗族自治县、关岭布依族苗族自治县、紫云苗族布依族自治县、威宁彝族回族苗族自治县、印江土家族苗族自治县。

二、社会经济与人口总体情况

贵州省丘陵山区行政区域面积占全省超97%，人口超95%，经济发展比较落后。据统计，2019年贵州省78个丘陵县和山区县当年地区生产总值（GDP）为12 072亿元，户籍人口3 463万人，第一产业增加值2 125亿元，一般公共预算收入648亿元，一般公共预算支出3 082亿元，分别占全省的71.99%、95.59%、93.16%、36.68%和51.81%（表3-1）；第一产业增加值占GDP的比重为17.6%，比全省高出4.01个百分点，比全国高出10.49个百分点（图3-1）。

表3-1　贵州省丘陵山区社会经济与人口总体情况

	行政区域面积（平方公里）	户籍人口（万人）	地区生产总值（亿元）	第一产业增加值（亿元）	一般公共预算收入（亿元）	一般公共预算支出（亿元）
丘陵山区县	168 682	3 463	12 072	2 125	648	3 082
全市	172 972	3 623	16 769	2 281	1 767	5 949
占比（%）	97.52	95.59	71.99	93.16	36.68	51.81

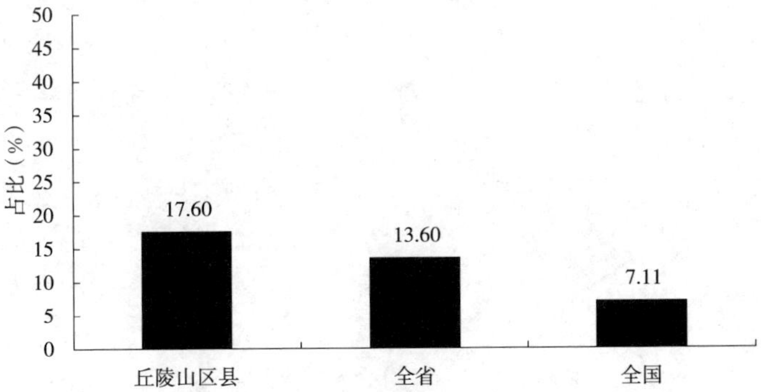

图3-1　贵州省丘陵山区第一产业增加值占地区生产总值比重与全省、全国对比

三、农业生产结构

1. 全省情况

从全省农业种植情况来看，2021 年贵州省农作物播种面积共 5 422.9 千公顷，其中水稻、小麦、玉米、豆类、薯类播种面积分别为 645.2 千公顷、135.3 千公顷、550.4 千公顷、340.5 千公顷、950.7 千公顷；油料播种面积 502.6 千公顷，以油菜籽为主；麻类和糖料作物面积分别仅 0.2 千公顷和 9.1 千公顷；烟叶播种面积 136.8 千公顷，以烤烟为主；蔬菜播种面积 1 514.4 千公顷。水稻、小麦、玉米、豆类、薯类、油菜籽、烟叶、蔬菜播种面积占农作物总播种面积的比例分别为 11.9%、2.49%、10.15%、6.28%、17.53%、8.24%、2.52%、27.93%（表 3-2）。可见，水稻、玉米、薯类、油菜籽和蔬菜是贵州的主要农作物。此外，贵州拥有茶园、果园面积分别为 472.2 千公顷和 802.1 千公顷。

表 3-2　贵州省农业种植结构

品种	播种面积（千公顷）	占地（%）
农作物总播种面积	5 422.9	100.00
水稻	645.2	11.90
小麦	135.3	2.49
玉米	550.4	10.15
豆类	340.5	6.28
大豆	211.7	3.90
薯类	950.7	17.53
棉花	0.4	0.01
油料	502.6	9.27
花生	46.5	0.86
油菜籽	446.7	8.24

（续）

品种	播种面积（千公顷）	占地（%）
芝麻	0.4	0.01
麻类	0.2	0.00
糖料	9.1	0.17
甘蔗	9.1	0.17
甜菜	0	0.00
烟叶	136.8	2.52
烤烟	130.2	2.40
蔬菜	1 514.4	27.93
茶园面积	472.2	—
果园面积	802.1	—

从主要农作物占全国的比例来看，贵州省粮食作物播种面积占全国粮食播种总面积的 2.37%，薯类占 12.96%，蔬菜占 6.89%，茶园和果园分别占 14.27%和 6.26%（图 3－2）。可见，贵州省薯类和茶叶在全国占有重要地位。

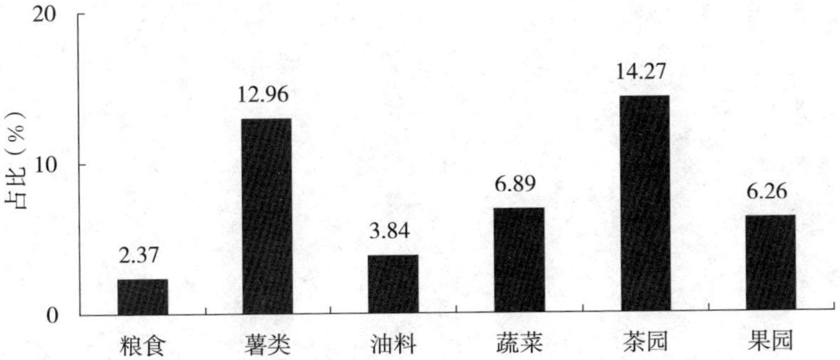

图 3－2　贵州省主要农作物播种面积占全国的比例

2. 丘陵山区情况

贵州省 78 个丘陵县和山区县农作物总播种面积为 5 699.65 千

公顷，其中水稻播种面积633.21千公顷，全部为中稻和一季晚稻；小麦播种面积218.72千公顷，全部为春小麦；玉米播种面积723.41千公顷；豆类播种面积325.57千公顷；薯类播种面积955.37千公顷；油料作物播种面积548.03千公顷，花生和油菜籽分别占9.18%和88.96%；蔬菜播种面积959.97千公顷。茶园和果园面积分别为428.57千公顷和301.50千公顷。从作物播种面积占全省的比例来看，水稻、小麦、玉米、豆类、薯类、油料作物和蔬菜播种面积占全省各类作物播种面积的比例分别为93.91%、90.49%、97.72%、98.57%、98.85%、92.18%和91.39%；茶园和果园面积所占比例分别为97.45%、93.00%（表3-3）。

表3-3　贵州省丘陵山区县农业种植结构

	丘陵山区县播种面积（千公顷）	占全省比例（%）
农作物总播种面积	5 699.65	93.50
水稻	633.21	93.91
中稻和一季晚稻	633.21	—
小麦	218.72	90.49
春小麦	218.72	—
玉米	723.41	97.72
豆类	325.57	98.57
薯类	955.37	98.85
油料作物	548.03	92.18
花生	50.29	95.79
油菜籽	487.51	91.98
蔬菜	959.97	91.39
茶园	428.57	97.45
果园	301.50	93.00

四、农业机械化率与农机装备结构

1. 农业机械化率

据测算，2021 年贵州省农作物耕种收综合机械化率为 32.27%，其中机耕率、机播率和机收率分别为 65.88%、3.50%和 16.24%（图 3－3）。三大粮食作物水稻、小麦、玉米的耕种收综合机械化率分别为 61.92%、47.64%、37.03%。贵州省农作物耕种收综合机械化率总体较低。

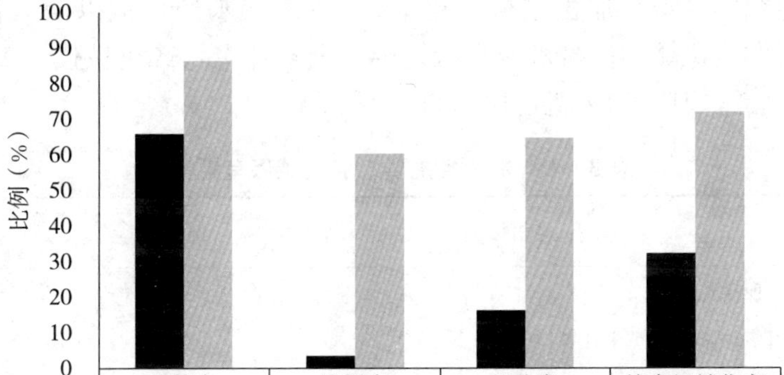

	机耕率（%）	机播率（%）	机收率（%）	综合机械化率（%）
■贵州省	65.88	3.50	16.24	32.27
■全国	86.42	60.22	64.66	72.03

图 3－3　贵州省农作物耕种收综合机械化水平与全国对比

2. 农机装备结构

2021 年贵州全省农机总动力 2 705.41 万千瓦，平均每万亩拥有农机总动力 3 330 千瓦（图 3－4）。主要农业机械保有量如表 3－4 所示。可以看出：①拖拉机以小型为主，每万亩拥有拖拉机动力 260 千瓦，不足全国平均水平的 1/5。2021 年全省拖拉机保有量 12.32 万台，其中小型拖拉机占比高达 86.53%，大型拖拉机占比不足 1%。②耕整地机械以微耕机为主，高效作业机械保有量极少。微耕机占各类耕整机械总量的比例达 95.1%。③各类播种机数量较少，平均每万亩拥有水稻播种（栽植）机械 1 台，远远低于全国平均水平。④植保机械以传统低效植保机为主，高效植保机械保有量较低。⑤全省拥有谷物联合收割机 0.42 万台，平均每万亩均拥有谷物联合收割机 2 台，油菜籽、马铃薯等其他收获机械保有量较低。⑥收获后处理机械中，粉碎还田机 0.14 万台，谷物烘干机 0.14 万台，果蔬烘干机 0.33 万台。⑦农产品初加工作业机械以粮食初加工机械为主，油料、蔬菜、茶叶等初加工机械保有量较低。⑧畜牧机械以饲料（草）加工机械设备为主，饲养机械和畜产品采集加工机械数量较少。全省拥有畜牧机械 73.27 万台（套），其中饲料（草）加工机械占比 91.48%。⑨水产机械以增氧机为主，饲喂机械和捕捞机械数量较少。全省拥有水产机械仅 0.14 万台（套），其中增氧机占比达 85.71%。

表 3-4　贵州省主要农业机械保有量情况

机械类型	保有量（万台、套）
（一）拖拉机	12.32
1. 小型（22.1 千瓦及以下）	10.66
2. 中型（22.1～73.5 千瓦）	1.63
3. 大型（73.5 千瓦及以上）	0.03
（二）耕整地机械	135.58
1. 微耕机	128.94
2. 旋耕机	1.36
3. 深松机	<0.01
4. 联合整地机	<0.01
（三）种植施肥机械	0.18
1. 精量播种机	0.02
2. 整地施肥播种机	<0.01
3. 水稻直播机	<0.01
4. 水稻插秧机	0.14

（续）

机械类型	保有量（万台、套）
乘坐式	0.03
（四）田间管理机械	
1. 机动植保机械	7.51
自走式	<0.01
2. 植保无人机	0.24
3. 修剪机械	3.07
茶树修剪机	2.20
果树修剪机	0.87
（五）收获机械	
1. 谷物联合收割机	0.42
稻麦联合收割机	0.41
玉米联合收割机	0.01
2. 油菜籽收获机械	0.01
3. 马铃薯收获机械	0.06
4. 蔬菜收获机械	<0.01
5. 采茶机	2.46
（六）收获后处理机械	
1. 秸秆粉碎还田机	0.14
2. 干燥机械	0.48
谷物烘干机	0.14
果蔬烘干机	0.33
3. 保鲜储藏设备	0.20
（七）农产品初加工机械	
1. 粮食初加工机械	221.54
2. 油料初加工机械	2.97
3. 蔬菜初加工机械	0.10

（续）

机械类型	保有量（万台、套）
4. 茶叶初加工机械	5.18
（八）畜牧机械	73.27
1. 饲料（草）加工机械	67.03
2. 饲养机械	3.09
3. 畜产品采集加工机械	0.08
（九）水产机械	0.14
1. 水产养殖机械	0.14
增氧机	0.12
投饲机	0.02
2. 水产捕捞机械	<0.01

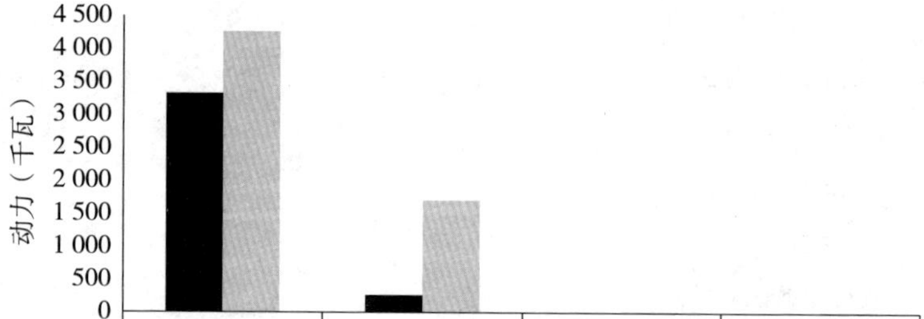

	每万亩拥有农机动力（千瓦）	每万亩拥有拖拉机动力（千瓦）	每万亩拥有水稻播种（栽植）机械数量（台）	每万亩拥有谷物收割机数量（台）
■贵州省	3 330	260	1	2
■全国	4 260	1 700	22	15

图 3-4 贵州省每万亩拥有农机动力（数量）与全国对比

3. 新增农机装备

2021 年、2022 年，贵州省山区县购置农机的数量占全省 97%左右，享受购机补贴额所占比例为 95%左右，购置的主要机型如表 3-5 所示：①动力机械方面以轮式拖拉机为主，其中 60～90 马力段机型超 80%。②耕整地机械以微耕机为主。③水稻插秧机购置量自 2022 年开始增加。④植保机械和修剪机械的购置量较少。⑤谷物联合收割机购买量增长明显，以 2 千克/秒及以下全喂入机型为主。⑥谷物烘干机发展缓慢。

表 3-5 贵州丘陵山区 2021、2022 年新增农机装备情况

机械类型	2021 年新增（台、套）	2022 年新增（台、套）
（一）拖拉机	231	586
1. 轮式拖拉机	231	580
60～90 马力	191	471
100 马力以上	12	49
2. 履带式拖拉机	0	6
（二）耕整地机械		
微耕机	13 195	13 922
（三）种植机械		
1. 播种机械	0	3
2. 水稻插秧机	0	74
4～6 行	0	73
7 行及以上	0	1
（四）田间管理机械		
1. 植保机械	0	4
喷杆喷雾机	0	0
植保无人机	0	4
2. 修剪机械	1	54
（五）收获机械		
1. 谷物联合收获机械	249	771
全喂入谷物联合收割机	249	757
2 千克/秒及以下全喂入	214	678
2. 采茶机	1	0

（续）

机械类型	2021年新增（台、套）	2022年新增（台、套）
（六）收获后处理机械		
1. 谷物烘干机	14	0
2. 果蔬烘干机	0	0

五、耕地地形条件

贵州省地貌复杂，以喀斯特地貌为主要特色，全省地貌可分为高原山地、丘陵和盆地三种基本类型，分别占全省面积的87%、10%、3%。下文将分析贵州省在此地貌条件下耕地地块的坡度、形状和田间道路通达情况。

1. 耕地坡度

据资源学科创新平台数据库对贵州省耕地资源调查数据，贵州省全省耕地坡度分类如表3-6所示。

表3-6　贵州省耕地坡度占比情况

坡度	坡耕地（%）	梯田（%）	占比（%）
≤2°耕地	0.00	5.75	5.75
2°～6°耕地	6.00	7.22	13.22
6°～15°耕地	20.92	10.21	31.13
15°～25°耕地	24.82	5.55	30.37
>25°耕地	17.28	2.24	19.53
总计	69.03	30.97	100.00

贵州省69.03%的耕地为坡耕地，30.97%的耕地为梯田。6°～15°坡度和15°～25°坡度的耕地占比都超过了30%，其中6°～15°坡度耕地占比最大为31.13%；15°～25°坡度的耕地占比为30.37%。6°～25°坡度的耕地合计占比达到61.50%，在此区间内

坡耕地占比将近 45.74%。贵州耕地坡度在 6°以上的占比为 81.03%。总体而言，随着耕地坡度的增大，坡耕地占比也相应提高，如当耕地坡度≤2°时，耕地全部为梯田（平田）；当坡度>25°时，坡耕地占比超过 88%。

2. 耕地面积

基于 QGIs 平台上加载天地图遥感影像，通过影像挖掘技术和地理信息技术，抽样调查了贵州省 4 个县 19 个村 1 912 个地块面积。在 QGIs 平台上每村相对集中勾勒出 100 个地块的矢量边界，将采集的地块边界矢量文件导入 ARCGIS，计算出每个地块的面积，具体面积分段数据如表 3－7 所示。

表 3－7　贵州省农田面积分段

面积分段区间（亩）	地块数量（个）	占比（%）
(0，0.5]	322	16.84
(0.5，1]	680	35.56
(1，1.5]	431	22.54
(1.5，2]	218	11.40
(2，2.5]	109	5.70
(2.5，3]	52	2.72
(3，+)	100	5.23
合计	1 912	100

贵州省耕地面积分段数量最多的为 (0.5，1] 亩区间，占比 35.56%。贵州省 1 亩以下的地块数量合计为 1 002 个，占比为 52.40%，超过总样本数量的一半，土地细碎化现象较为明显。在面积分段区间内，样本分布整体呈现出递减趋势，3 亩以上的地块数量仅有 100 个，占比 5.23%。贵州省应持续加强土地流转和小面积田块整合。

3. 耕地形状

抽样样本长宽比最小值为 1.00，最大值为 12.13，均值 1.70。

如表 3-8 所示，贵州省 78.82%的地块长宽比在 2 及以下，接近于方形，要求农业机械调头的次数会更多。贵州省长宽比达到 3.33 的地块数量仅有 96 个，占样本总数的 5.02%，这说明贵州省农田形状距离标准化还有较大改造空间。

表 3-8　贵州省农田地块长宽比分段

长宽比	地块数（块）	比例（%）
(1，2]	1 507	78.82
(2，3]	276	14.44
(3，4]	83	4.34
(4，+)	46	2.41
合计	1 912	100.00

地块形状也会影响机械装备作业的效率。如表 3-9 所示，在所有样本中，矩形度最高为 0.96，最低为 0.14，平均值为 0.53。矩形度位于 (0.3，0.6] 的区间地块数量最多，占比 59.68%；矩形度位于 (0.6，0.9] 的区间，占比 32.43%；矩形度在 (0，0.3] 区间，占比 7.32%；占比最少的是矩形度在 (0.9，1] 区间的。结合上文对样本地块长宽比的分析，发现贵州省农田地块不规则特征较为明显，因此在加强土地流转的同时，还需加强地块形状规整化改造。

表 3-9　抽样县地块矩形度分段

矩形度	地块数（块）	比例（%）
(0，0.3]	140	7.32
(0.3，0.6]	1 141	59.68
(0.6，0.9]	620	32.43
(0.9，1]	11	0.58
合计	1 912	100.00

4. 耕地道路通达情况

对贵州省 4 个县进行抽样统计，得到耕地地块田间道路通达率如表 3－10 所示。息烽县、赫章县、雷山县和三都水族自治县 4 个抽样县的道路通达率都在 5%以下，其中雷山县和三都水族自治县基本无法实现农业机械的田间转移。

表 3－10　抽样县耕地道路通达率

名称	耕地道路通达数量（个）	耕地道路通达率（%）
息烽县	20	4.02
赫章县	13	3.23
雷山县	0	0
三都水族自治县	1	0.02

六、耕作制度与茬口时期

1. 贵州省主要耕作制度

依据 GB/T 28407—2012《农用地质量分等规程》中的我国标准耕作制度速查表，贵州省丘陵山区复种类型主要为一年二熟制和一年一熟制，其主要耕作制度如下：

贵阳市：开阳县、息烽县、修文县、清镇市主要为油菜—水稻轮作、小麦/玉米套作。

六盘水市：六枝特区、水城区、盘州市主要为油菜—水稻轮作、小麦/玉米套作。

遵义市：播州区、湄潭县、余庆县主要为油菜—水稻轮作、小麦/玉米套作，桐梓县、绥阳县、正安县、道真仡佬族苗族自治县、务川仡佬族苗族自治县、凤冈县、习水县、赤水市、仁怀市主要为小麦—水稻轮作、小麦/玉米套作。

安顺市：平坝区、普定县、镇宁布依族苗族自治县、关岭布依族苗族自治县、紫云苗族布依族自治县主要为油菜—水稻轮作、小麦/玉米套作。

毕节市：七星关区、大方县、黔西市、金沙县、织金县、纳雍县主要为油菜—水稻轮作、小麦/玉米套作，威宁彝族回族苗族自治县、赫章县主要为水稻、玉米、马铃薯单作。

铜仁市：碧江区、万山区、江口县、玉屏侗族自治县、松桃苗族县、石阡县、思南县、印江土家族苗族自治县、德江县、沿河土家族自治县主要为小麦—水稻轮作、小麦/玉米套作。

黔西南布依族苗族自治州：兴义市、兴仁市、普安县、晴隆县、贞丰县、望谟县、册亨县、安龙县主要为油菜—水稻轮作、小麦/玉米套作。

黔东南苗族侗族自治州：凯里市、施秉县、三穗县、镇远县、岑巩县、天柱县、锦屏县、剑河县、台江县、黎平县、榕江县、从江县、雷山县主要为小麦—水稻轮作、小麦/玉米套作，黄平县、麻江县、丹寨县主要为油菜—水稻轮作、小麦/玉米套作。

黔南布依族苗族自治州：都匀市、福泉市、荔波县、贵定县、瓮安县、独山县、平塘县、罗甸县、长顺县、龙里县、惠水县主要为油菜—水稻轮作、小麦/玉米套作，三都水族自治县主要为小麦—水稻轮作、小麦/玉米套作。

2. 各类耕作制度茬口时期

油菜—水稻轮作：水稻育秧播种时间为4月中下旬，移栽时间为5月中旬至6月上旬，收获时间为9月中旬至10月中旬；油菜播种时间为10月上旬至11月上旬，收获时间为5月。

小麦—水稻轮作：水稻育秧播种时间为4月中下旬，移栽时间为5月下旬至6月中旬，收获时间为9月中旬至10月中旬；小麦播种时间为10月上旬至11月上旬，收获时间为5月下旬至6月上旬。

小麦/玉米套作：小麦9月下旬至10月中旬播种，3月下旬至4月中旬套作玉米，5月中旬至6月上旬收获小麦，8—9月收获玉米。

七、土壤种类

依据我国第二次土壤普查数据，贵州省丘陵山区市县的主要土壤种类如下：

贵阳市：主要有贵阳黄砂泥、乌当黄砂泥土、平坝黄黏泥土、花溪黄砂土、薄黑岩泥、大砂泥土、油大砂泥土、厚血砂泥、血泥土、薄大紫泥、紫砂泥大土、石渣子泥、砾石黄泥、海子泥、乌当黄泥田、煤锈田。

六盘水市：主要有六枝黄胶泥土、乌当黄砂泥土、水城橘黄泥、橘灰泡泥、道真黄泥土、暗马肝灰泡、马肝灰泡土、厚大灰泡泥、灰泡泥土、洪淤砂泥、薄棕大泥、棕大泥土、凤冈紫泥土、薄大紫泥、砾紫泥土、石渣子泥、薄草甸泥土、螺子草甸土、草甸砂土、潮砂泥土、海子泥、胶大泥田、斑黄砂泥田、红砂泥田、煤锈田、肝泥田、血泥田。其中水城主要有水城红砾泥、水城橘黄泥、灰泡泥、马肝灰泡土、灰泡泥土、棕大泥土、血泥田；六枝主要有六枝黄胶泥土、胶大泥田。

遵义市：主要有仁怀黄泥、遵义黄泥、遵义黄砂土、丹寨大黄泥、灰泡砂、灰泡泥、湄潭黄黏泥、平坝黄黏泥土、遵义白泥、道真黄泥土、厚大灰泡泥、黑岩泥、薄黑岩泥、岩泥土、薄棕大泥、油大泥土、大泥土、大胶泥土、大砂泥土、厚大泥、血砂土、砾血泥土、厚血砂泥、紫砂泥、紫胶泥土、凤冈紫泥土、习水紫泥、紫砂泥土、薄大紫泥、砾紫泥土、砾石黄泥、砾石黄泥土、潮砂泥土、乌当黄泥田、胶大泥田、油黄砂泥田、小黄泥田、斑黄砂泥田、斑黄胶泥田、血胶泥田、瓮安灰紫泥田、油潮砂泥田、白砂田、白胶泥田、胶大土泥田、大土砾泥田、凤冈羊肝泥田、黄扁砂田、遵义浅黄泥田、沙沱潮砂泥田、荔波大泥田、肝泥田、煤泥田、黄扁砂泥田、砂大泥田、熟白鳝泥田、习水青紫土田、锦屏青潮泥田、桐梓冷浸田、鸭屎泥田、中白鳝泥田。其中仁怀主要有仁怀黄泥、血胶泥田、煤泥田；道真主要有灰泡砂、道真黄泥土、油大砂泥土、砾石黄泥、砾石黄泥土、胶大土泥田、道真黄砂泥田；湄潭主要有湄潭黄黏泥、干青潮泥田；赤水主要有紫黄砂泥土、血砂土、血砂泥、砾血泥土；桐梓主要有紫黄砂泥土、紫砂泥土、煤泥田、桐梓冷浸田；余庆主要有紫黄砂泥土、砾紫泥土、潮砂泥土、中白鳝泥田；正安主要有紫黄砂泥土、正安黄砂泥、大泥土、煤泥田；习水主要有紫砂泥、凤冈紫泥土、习水紫泥、大土砾泥田、习水青紫土田；凤冈主要有紫胶泥土、凤冈羊肝泥田；务川主要有肝泥田；绥阳主要有黄扁砂泥田。

安顺市：主要有遵义黄砂泥、乌当黄砂泥土、灰泡砂、湄潭黄黏泥、平坝黄黏泥土、白散泥、遵义白泥、洪淤砂泥、红大泥土、黑岩泥、岩泥土、薄棕大泥、棕大泥土、油大泥土、大泥土、油大砂泥土、血砂土、砾石黄泥、砾石黄泥土、砾石红泥、扁破泥砾土、白云砂土、胶大泥田、斑黄胶泥田、白砂田、白胶泥田、胶大土泥田、遵义浅黄泥田、荔波大泥田、黄扁砂泥田、都匀渗砂泥田、锦屏青潮泥田、鸭屎泥田、干鸭屎泥、中白鳝泥田。其中平坝主要有平坝黄黏泥土、厚大泥。

毕节市：主要有六枝黄胶泥土、水城橘黄泥、丹寨大黄泥、橘灰泡泥、灰泡泥、道真黄泥土、厚大灰泡泥、灰泡泥土、洪淤砂泥、黑岩泥、岩泥土、薄棕大泥、棕大泥土、油大泥土、大泥土、大砂泥土、厚大泥、血砂土、厚血砂泥、紫砂泥、紫砂泥土、紫砂泥大土、砾石黄泥土、扁破泥砾土、白云砂土、薄草甸泥土、螺子草甸土、低位海子土、海子泥、油黄砂泥田、小黄泥田、油潮砂泥田、凤冈羊肝泥田、黄扁砂田、煤锈田、熟白鳝泥田、锦屏青潮泥田、鸭屎泥田。其中赫章主要有低位海子土、海子泥；威宁主要有橘灰泡泥、低位海子土。

铜仁市：主要有三都黄红砂、水城红砾泥、遵义黄砂泥、丹寨大黄泥、湄潭黄黏泥、正安黄砂泥、红大泥土、薄大泥、大砂泥土、紫砂泥大土、草甸砂土、斑黄泥田、潮砂泥土、油黄砂泥田、瓮安灰紫泥田、大土砾泥田、黎平浅红泥田、凤冈羊肝泥田、遵义浅黄泥田、黄扁砂田、道真黄砂泥田、熟白鳝泥田、浅脚烂泥田、干鸭屎泥、中白鳝泥田。其中松桃主要有三都黄红砂、水城红砾泥；思南主要有黄扁砂田。

黔西南布依族苗族自治州：主要有乌当黄砂泥土、灰泡砂、橘灰泡泥、湄潭黄黏泥、红大泥土、薄黑岩泥、薄大泥、油大砂泥土、砾石红泥、潮砂泥土、乌当黄泥田、红砂泥田、沙沱潮砂泥田、荔波大泥田、都匀渗砂泥田、浅脚烂泥田。其中晴隆主要有兴义红砂泥、水城红砾泥、水城橘黄泥；望谟主要有三都黄红砂、水城红砾泥；贞丰主要有罗甸红泥、水城红砾泥；册亨主要有兴义红砂泥。

黔东南苗族侗族自治州：主要有从江红黏泥、仁怀黄泥、遵义黄泥、遵义黄砂泥、贵阳黄砂泥、乌当黄砂泥土、丹寨大黄泥、灰泡砂、正安黄砂泥、薄大泥、厚大泥、薄大紫泥、扁破泥砾土、白云砂土、薄草甸泥土、油黄砂泥田、小黄泥田、斑黄泥田、斑黄胶泥田、瓮安灰紫泥田、油潮砂泥田、白胶泥田、黎平浅红泥田、黄扁砂田、遵义浅黄泥田、荔波大泥田、血泥田、黄扁砂泥田、熟白鳝泥田、都匀渗砂泥田、锦屏青潮泥田、桐梓冷浸田、鸭屎泥田、浅脚烂泥田、干鸭屎泥。其中黄平主要有岩泥土；施秉主要有油潮砂泥田；黎平主要有兴义红砂泥、黎平浅红泥田、熟白鳝泥田；榕江主要有罗甸红泥；从江主要有罗甸红泥、兴义红砂泥、从江红黏泥、红砂泥田；丹寨主要有丹寨大黄泥、砂大泥田、烂锈田、干鸭屎泥；麻江主要有鸭屎泥田。

黔南布依族苗族自治州：主要有仁怀黄泥、六枝黄胶泥土、遵义黄砂泥、贵阳黄砂泥、遵义黄砂土、火石大黄泥土、平坝黄黏泥土、白散泥、道真黄泥土、红大泥土、黑岩泥、薄黑岩泥、油大泥土、大泥土、薄大泥、大胶泥土、大砂泥土、油大砂泥土、厚大泥、紫砂泥土、砾石黄泥、砾石黄泥土、砾石红泥、白云砂土、薄草甸砂土、草甸砂土、斑黄砂泥田、斑黄胶泥田、油潮砂泥田、白砂田、红砂泥田、黎平浅红泥田、大土砾泥田、砂大泥田、都匀渗砂泥田、浅脚烂泥田、中白鳝泥田。其中罗甸主要有罗甸红泥、红大泥土、黑岩泥、砾石红泥；荔波主要有罗甸红泥、荔波大泥田；都匀主要有薄草甸砂土、小黄泥田、斑黄胶泥田、都匀渗砂泥田；三都主要有罗甸红泥；贵定主要有火石大黄泥土、斑黄砂泥田；龙里主要有油大泥土、大砂泥土；福泉主要有白云砂土、大眼泥田；惠水主要有薄大泥；瓮安主要有瓮安灰紫泥田；独山主要有白砂田。

结合土种生产性能概况表（附表2）可以看出，贵州省丘陵山区农田土种性状多样，土壤肥力大多不高，土质多为黏壤土至壤质黏土，另有少量砂质壤土和黏重土壤，其中多数土壤耕性适中，部分土壤黏重难耕但保水保肥能力好，少数土壤或疏松易耕但易漏水漏肥，或粉砂含量高透气性差，或砾石含量高难以耕作。适合中小型农机具作业，根据地形和土壤条件选择适宜动力，土壤黏重地区宜选择轻简型农机具以克服黏重土壤的阻滞和黏附，并注意砾石对耕作部件的影响。

八、机械化作业及机具选型建议

1. 水稻

机械化作业建议：因地制宜地开展农田宜机化改造，切实改善农机通行和作业条件，提高农机适应性，配套完善水利设施，实现能排能灌。推广适宜水田作业的高性能高效率中大马力履带式拖拉机和轮式四驱拖拉机及其配套旋耕机、水田打浆平地机为主，推动微耕机更新和升级换代，实行大中小型合理配套，全面普及耕整地机械化技术。积极探索试验机械化育插秧、水（旱）直播、无盘旱育抛栽秧等多种机械化轻简种植方式。推广高效植保机械，加强绿色防控与统防统治结合，开展水稻病虫草害防治。大力推广适宜丘陵山区作业的水稻收割机，积极开展跨区收获，快速扩大水稻机收面积。开展节能、环保型的低温循环式烘干机和移动烘干机的示范推广，逐步提高粮食烘干处理机械化水平。水稻秸秆以翻埋灌水腐烂还田肥田为主（表3-11）。

表 3-11 贵州省水稻生产全程机械化机具选型建议

机具名称	技术参数
拖拉机	35～75 马力
微耕机	6～9 马力
水田旋耕机	耕深 10～16 厘米
水田起浆平地机	平整深度 5～10 厘米
铧式犁	耕深 15～22 厘米
育秧播种流水线	作业效率＞400 盘/小时
手扶插秧机	2～6 行，行距 25 厘米或 30 厘米
植保无人机	药箱容积≥10 升，续航时间≥15 分钟
稻麦联合收获机	喂入量 0.6～6 千克/秒
粮食低温烘干机	低温循环式，批处理量 10 吨

1. 玉米

机械化作业建议：前茬作物秸秆粉碎还田，整地要做到碎、平、净，且上虚下实，为播种打好基础。选用精品种子，发芽率≥95％，种子发芽势高，机械单粒精量播种。玉米播种深度在3～5厘米，墒情好时浅播，干旱时加深。镇压要实，使种子与土壤紧密接触。玉米播后苗前要喷洒除草剂，建议在播种机上装除草剂喷洒装置，播种的同时喷洒土壤封闭型除草剂，还可同时喷洒杀虫杀卵剂。在大喇叭口前期可使用自走式高地隙喷杆喷雾机进行病虫草害防治，大喇叭口期以后可使用植保无人机进行飞防。玉米收获时，一般要求籽粒含水率＜28％、叶片和秸秆的含水率＜60％、玉米最低结穗高度一致、植株倒伏率≤5％；对收获质量要求籽粒损失率≤2.0％、果穗损失率≤3.0％、籽粒破碎率≤5.0％、籽粒含杂率≤5.0％，割茬高度≤10 厘米、秸秆还田粉碎长度≤10 厘米、秸秆粉碎还田合格率≥90％、秸秆抛撒不均匀率≤20％，秸秆覆盖均匀无堆积，以保证后茬作物正常播种为宜（表 3-12）。

表 3-12　贵州省玉米生产全程机械化机具选型建议

机具名称	技术参数
拖拉机	50 马力左右中型拖拉机
播种机	2 行以上牵引式播种机，或指夹式玉米精量播种机，具有种肥同播功能
无人植保机	药箱容积≥10 升，续航时间≥15 分钟
玉米联合收割机	行数 2～4 行

2. 甘薯

机械化作业建议：①培育健康种苗。苗床选用交通便利、浇水方便、排水良好、向阳背风、海拔 200～600 米的地段和砂壤土，一般采用地膜加拱膜双膜育苗方式。对海拔较高地区或有早栽需求的，采用大棚加电热育苗方式；对播种较迟的，采用平膜覆盖育苗。②科学起垄栽培。在前作收获后或种苗移栽前 15 天及时深翻土地，不宜在土壤黏湿时耕作。地块耙平耙细后起垄，坡地垄距一般80～90 厘米，垄高 20～30 厘米；平坝垄距一般 70～80 厘米，垄高 30～40 厘米；机械化起垄，要求垄形饱满，垄沟窄深，垄面平，垄土塌实，无硬心。根据轮作制度适当调整施肥策略，通过秸秆还田、绿肥轮作、增施有机肥等措施综合提升甘薯主产区耕地质量。③科学合理密植。鲜食品种宜选择水平法，其他品种采用斜插法进行栽插。选取 5～7 节长的尖梢苗进行栽插，3～4 节埋入土中，2～3 节露出地面，压实入土种苗。根据品种特性，选择适宜密度，净作种植密度宜 3 500～4 000 株/亩，套作种植密度宜 3 000～3 500 株/亩。鲜食品种宜密栽植。④适时采收贮运。鲜食甘薯根据市场情况收挖和销售。种薯宜在霜降前收获完毕，淀粉加工或食品加工用甘薯根据企业需求时间收挖。收挖应结合土壤条件，晴天收挖、雨天不挖。建议就地分拣，当天收挖、当天入窖（库）。有条件的区域可进行高温愈合处理，采取适当方式进行安全贮藏，贮藏设施温度宜保持 10～13℃，空气相对湿度宜保持 80%～90%（表 3-13）。

表 3-13　贵州省甘薯生产全程机械化机具选型建议

机具名称	技术参数
拖拉机	30～50 马力
起垄机	垄距 80～90 厘米
移栽机	垄距 80～90 厘米甘薯移栽机，或甘薯起垄移栽复式作业机
割蔓机	垄距 80～90 厘米薯蔓粉碎还田机
收获机	垄距 80～90 厘米甘薯挖掘犁、挖掘收获机或联合收获机

3. 油菜

机械化作业建议：播种前，要确保田块土壤含水率不大于40%，否则必须晒田。浅耕、免耕直播油菜要求水稻的留茬高度不高于 15 厘米；田间秸秆粉碎还田，秸秆长度不大于 5 厘米。直播作业可采取机械浅耕联合播种、机械免耕联合播种、机械整地开沟+机械喷播和机械免耕开沟+机械喷播四种方式。育苗播种先要做好育苗准备，育苗场地应选择平整的水泥场地或平整后的田块，周围无遮光物，供水方便，排水顺畅。播种时使用适合油菜精量播种的苗盘播种流水线进行铺底土、浇水、播种、覆土等作业。机械移栽采用可一次性完成松土切缝开沟、切块栽插、覆土镇压等多道工序的油菜毯状苗移栽机。施肥环节如果采取种肥混播复式作业机具施用基肥，应选用吸水性差的颗粒肥料，以防止化肥在肥箱中结块堵塞；采用机械整地开沟和机械免耕开沟的方式时，要在开沟前先施基肥。除草和病虫害防治可选择喷杆喷雾机或超低空遥控无人植保机等机具进行机械化植保作业。收获方面，采用机械联合收获的机具选择上，对于直播油菜或株型适中的移栽油菜，选用能一次性完成收割、脱粒、清选的油菜联合收割机或双滚筒、纵轴流谷物联合收割机加装油菜收获装置进行收获。对于移栽油菜，特别是植株高大、高产的移栽油菜，宜采取先用割晒机进行割晒，后用捡拾收获机进行捡拾脱粒的分段收获方式。采用联合收获方式时，应在全田90%以上油菜角果外观颜色变黄色或褐色，完熟度基本一致的条件下进行；采用分段收获方式时，应在全田油菜 70%～80%角果外观颜色呈黄绿或淡黄，种皮也由绿色转为红褐色时，采用割晒机进行割晒作业。将割倒的油菜就地晾晒后熟5～7天（可根据天气情况适当调整），成熟度达到95%后，用捡拾收获机进行捡拾、脱粒及清选作业。应避开雨天和露水未干时收获（表3-14）。

表3-14　贵州省油菜生产全程机械化机具选型建议

机具名称	技术参数
拖拉机	40～75马力四轮驱动，或35～70马力轻型履带拖拉机
浅（免）耕联合播种机	播种行数≥2行，具有旋耕、开沟、镇压、施肥、播种等功能
无人植保机	药箱容积≥10升，续航时间≥15分钟
油菜全喂入联合收割机	喂入量≥1.0千克/秒，配备秸秆切碎装置
烘干机	批处理量≥10吨

4. 小麦

机械化作业建议：前茬水稻或玉米机械收获作业同时，将秸秆切碎匀抛，高留茬不利于小麦播种作业，需用灭茬机再次对水稻秸秆进行粉碎作业，降低留茬高度；旋耕或犁耕整地后适时进行播种，提倡采用复式作业机械一次完成旋耕整地、播种施肥、镇压作业；播后及时进行机械开沟排水；适时进行病虫害防治和化控作业；小麦成熟后适时进行机械化收获及烘干，使得小麦含水率达到适宜贮藏的条件（表3-15）。

表3-15　贵州省小麦生产全程机械化机具选型建议

机具名称	技术参数
拖拉机	35～75马力
秸秆粉碎还田机	幅宽1.2米以上
铧式犁	2～4铧犁
旋耕机	根据田块实际情况选择
小麦施肥播种复式作业机	2～8行
开沟机	梯形沟双圆盘开沟机
植保机械	自走式喷杆喷雾机
稻麦联合收割机	喂入量0.6～6千克/秒
粮食低温烘干机	低温循环式，批处理量10吨

第四章　四川省农业机械化发展情况

一、丘陵山区地域范围

四川省，简称川，别称蜀，面积 491 718 平方公里，辖 18 个地级市、3 个自治州（合计 21 个地级行政区划单位），55 个市辖区、19 个县级市、105 个县、4 个自治县（合计 183 个县级行政区划单位）。四川省共有 44 个丘陵县和 78 个山区县，分布于成都市、自贡市、泸州市等 21 个地级市（自治州），其中阿坝藏族羌族自治州、甘孜藏族自治州、凉山彝族自治州全域均为山区县。122 个丘陵县和山区县的行政区域面积共 434 768 平方公里，占四川全省行政区域面积的 88.42％。

丘陵县包括：金堂县、蒲江县、简阳市、荣县、富顺县、泸县、中江县、罗江区、盐亭县、蓬溪县、射洪市、大英县、威远县、资中县、隆昌市、犍为县、井研县、南部县、营山县、蓬安县、仪陇县、西充县、阆中市、仁寿县、洪雅县、丹棱县、青神县、南溪区、叙州区、江安县、长宁县、岳池县、武胜县、邻水县、华蓥市、达川区、宣汉县、开江县、大竹县、渠县、名山区、平昌县、安岳县、乐至县。

山区县包括：合江县、叙永县、古蔺县、梓潼县、平武县、沐川县、高县、珙县、筠连县、兴文县、屏山县、万源市、荥经县、汉源县、石棉县、天全县、芦山县、宝兴县、通江县、南江县、米易县、盐边县、旺苍县、青川县、剑阁县、苍溪县、汶川县、理县、茂县、松潘县、金川县、小金县、黑水县、壤塘县、阿坝县、红原县、康定市、泸定县、丹巴县、九龙县、雅江县、道孚县、炉霍县、甘孜县、新龙县、德格县、白玉县、石渠县、色达县、理塘县、巴塘县、乡城县、稻城县、得荣县、西昌市、盐源县、德昌县、会理县、会东县、宁南县、普格县、布拖县、金阳县、昭觉县、喜德县、冕宁县、越西县、甘洛县、美姑县、雷波县、峨眉山市、九寨沟县、马尔康市、若尔盖县、北川羌族自治县、峨边彝族自治县、马边彝族自治县、木里藏族自治县。

二、社会经济与人口总体情况

四川省丘陵山区行政面积占全省近 90%，人口超过 60%，经济产出不足 40%，农业产值占经济总量的比重较高。据统计，2019 年，四川省 122 个丘陵县和山区县当年地区生产总值（GDP）总和为 17 166 亿元，户籍人口 5 491 万人，第一产业增加值 3 176 亿元，一般公共预算支出 4 014 亿元，这四个指标分别占全省的 36.82%、65.57%、66.07%和 38.79%（表 4－1）；第一产业增加值占 GDP 的比重为 18.50%，比全省高出 8.19 个百分点，比全国高出 11.39 个百分点（图 4－1）。

表 4－1　四川省丘陵山区社会经济与人口总体情况

	行政区域面积（平方公里）	户籍人口（万人）	地区生产总值（亿元）	第一产业增加值（亿元）	一般公共预算支出（亿元）
丘陵山区县	434 768	5 491	17 166	3 176	4 014
全省	491 718	8 375	46 616	4 807	10 348
占比（%）	88.42	65.57	36.82	66.07	38.79

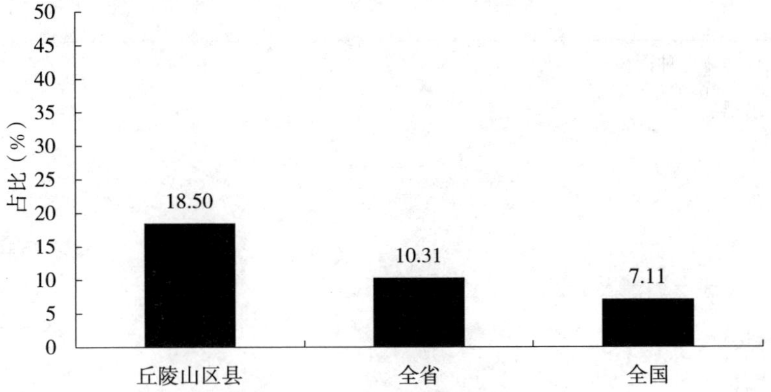

图 4-1　四川省丘陵山区第一产业增加值占地区生产总值比重与全省、全国对比

三、农业生产结构

1. 全省情况

从农业种植情况来看，2021 年四川省农作物播种面积共 9 999.9 千公顷，其中水稻、小麦、玉米、豆类、薯类播种面积分别为 1 875 千公顷、582.9 千公顷、1 849.4 千公顷、615.2 千公顷、1 279.3 千公顷；油料播种面积 1 652 千公顷，以油菜籽为主；烟叶播种面积 72.6 千公顷，以烤烟为主；麻类和糖料作物播种面积分别仅 18.3 千公顷和 9.7 千公顷；蔬菜播种面积 1 480.4千公顷。水稻、小麦、玉米、豆类、薯类、油菜籽、蔬菜播种面积占农作物总播种面积的比例分别为 18.75%、5.83%、18.49%、6.15%、12.79%、13.54%、14.80%（表 4-2）。可见，水稻、玉米、薯类、油菜籽和蔬菜作物在省内占有重要份额。四川拥有茶园、果园面积分别为 404.8 千公顷和 837.4 千公顷。

表 4-2　四川省农业种植结构

品种	播种面积（千公顷）	占比（%）
农作物总播种面积	9 999.9	100
水稻	1 875	18.75
小麦	582.9	5.83
玉米	1 849.4	18.49
豆类	615.2	6.15
大豆	443.4	4.43
薯类	1 279.3	12.79
棉花	2.1	0.02
油料	1 652	16.52
花生	290.2	2.90
油菜籽	1 354.1	13.54
芝麻	1.8	0.02
麻类	18.3	0.18
糖料	9.7	0.10
甘蔗	9.6	0.10
甜菜	0	0.00
烟叶	72.6	0.73
烤烟	67.5	0.68
蔬菜	1 480.4	14.80
茶园面积	404.8	—
果园面积	837.4	—

从主要农作物占全国的比例来看，四川省粮食作物播种面积占全国粮食播种总面积的 5.40%，薯类占 17.45%，油料占 12.61%，蔬菜占 6.73%，茶园和果园分别占 12.24%和 6.54%（图 4-2）。可见，四川省薯类、油料作物和茶叶在全国占有重要地位。

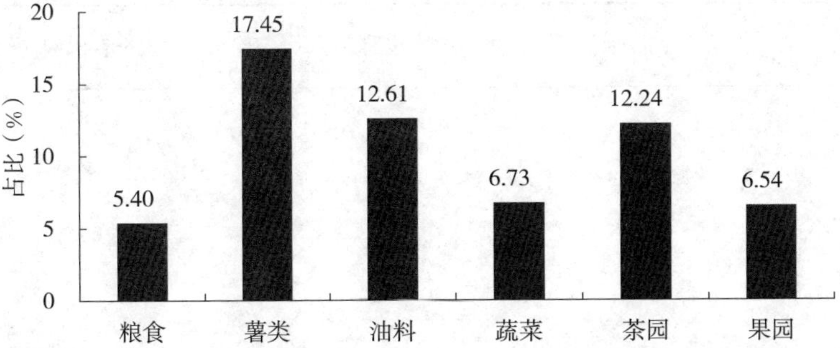

图 4－2　四川省主要农作物播种面积占全国的比例

2. 丘陵山区情况

据统计，2016 年四川省 117 个丘陵县和山区县[①]农作物总播种面积为 6 494.01 千公顷，其中水稻播种面积 1 163.48 千公顷，中稻和一季晚稻占 99.96%；小麦播种面积 727.04 千公顷，春小麦占 98.86%；玉米播种面积为 1 024.97 千公顷；豆类播种面积 375.84 千公顷；薯类播种面积为 989.85 千公顷；油料作物播种面积为 816.80 千公顷，花生和油菜籽分别占 21.76%和 77.31%；蔬菜播种面积 791.22 千公顷。茶园和果园面积分别为 254.81 千公顷和 454.89 千公顷。从作物播种面积占全省的比例来看，丘陵山区农作物播种面积占全省农作物总播种面积的比例为 66.75%；水稻、小麦、玉米、豆类、薯类、油料作物和蔬菜播种面积占全省各类作物播种面积的比例分别为 58.47%、66.82%、73.26%、72.19%、77.10%、62.49%和 57.36%；茶园和果园面积所占比例分别为 74.46%、68.59%（表 4－3）。

表 4－3　四川省丘陵山区县农业种植结构

品种	丘陵山区县播种面积（千公顷）	占全省比例（%）
农作物总播种面积	6 494.01	66.75

① 罗江区、射洪市、隆昌市、叙州区和井研县 5 个县数据缺失。

（续）

品种	丘陵山区县播种面积（千公顷）	占全省比例（%）
水稻	1 163.48	58.47
中稻和一季晚稻	1 160.24	—
小麦	727.04	66.82
春小麦	718.77	—
玉米	1 024.97	73.26
豆类	375.84	72.19
薯类	989.85	77.10
油料作物	816.80	62.49
花生	177.73	67.22
油菜籽	631.50	61.06
蔬菜	791.22	57.36
茶园	254.81	74.46
果园	454.89	68.59

四、农业机械化率与农机装备结构

1. 农业机械化率

据测算，2021 年四川省农作物耕种收综合机械化率为 43.02%，其中机耕率、机播率和机收率分别为 67.14%、21.89%和 31.99%（图 4－3）。三大粮食作物水稻、小麦、玉米的耕种收综合机械化率分别为 81.59%、83.89%、43.49%。可见，四川省农作物耕种收综合机械化率较低，主要在机播和机收环节；粮食作物中水稻、小麦种植机械化率较高，但玉米种植机械化率较低。

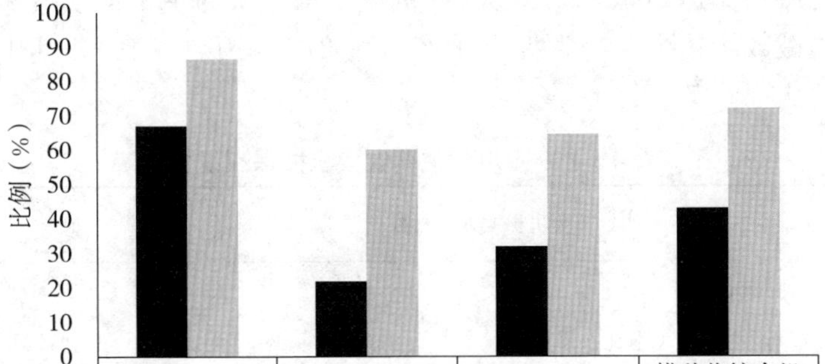

	机耕率（%）	机播率（%）	机收率（%）	耕种收综合机械化率（%）
■四川省	67.14	21.89	31.99	43.02
■全国	86.42	60.22	64.66	72.03

图 4－3　四川省农作物耕种收综合机械化水平与全国对比

2. 农机装备结构

2021 年四川全省农机总动力 4 833.88 万千瓦，平均每万亩拥有农机动力 3 220 千瓦（图 4－4）。主要农业机械保有量如表 4－4 所示。可以看出：①拖拉机以小型为主，每万亩拥有拖拉机动力 330 千瓦。全省拖拉机保有量 22.09 万台，其中小型拖拉机占比高达 65.28%，大型拖拉机占比不足 1%。②耕整地机械以微耕机为主，微耕机占各类耕整机械总量的比例为 47.07%，高效作业机械保有量极少。③各类播种机数量较少，每万亩拥有水稻播种（栽植）机械数量为 4 台，不足全国平均水平的 1/5。④植保机械以传统低效植保机为主，自走式植保机、无人植保机等高效植保机械数量占比不足 1%。⑤全省拥有谷物联合收割机 3.93 万台，每万亩拥有谷物联合收割机数量 6 台，不足全国平均水平的 1/2。⑥收获后处理机械中，粉碎还田机 1.70 万台，谷物烘干机 0.33 万台，果蔬烘干机 0.26 万台。⑦农产品初加工作业机械以粮食初加工机械为主，油料、果蔬、茶叶等初加工机械保有量较低。⑧畜牧机械以饲料（草）加工机械设备为主，饲养机械和畜产品采集加工机械数量较少。全省拥有畜牧机械 82.89 万台（套），其中饲料（草）加工机械占比达90.55%。⑨水产机械以增氧机为主，饲喂机械和捕捞机械数量较少。全省拥有水产机械27.84万台（套），其中增氧机占比70.47%。

表4-4　四川省主要农业机械保有量情况

机械类型	保有量（万台、套）
（一）拖拉机	22.09
1. 小型（22.1千瓦及以下）	14.42
2. 中型（22.1～73.5千瓦）	7.46
3. 大型（73.5千瓦及以上）	0.21
（二）耕整地机械	242.73
1. 微耕机	114.26
2. 旋耕机	20.78
3. 深松机	0.03
4. 联合整地机	0.07
（三）种植施肥机械	3.34
1. 精量播种机	1.56
2. 整地施肥播种机	0.07
3. 水稻直播机	0.03
4. 水稻插秧机	1.01
乘坐式	0.33
（四）田间管理机械	
1. 机动植保机械	39.29
自走式	0.21
2. 植保无人机	0.20
3. 修剪机械	2.58
茶树修剪机	0.21
果树修剪机	2.37

（续）

机械类型	保有量 （万台、套）
（五）收获机械	
1. 谷物联合收割机	3.93
稻麦联合收割机	3.89
玉米联合收割机	0.03
2. 油菜籽收获机械	0.22
3. 马铃薯收获机械	0.03
4. 蔬菜收获机械	＜0.01
5. 采茶机	1.09
（六）收获后处理机械	
1. 秸秆粉碎还田机	1.70
2. 干燥机械	0.60
谷物烘干机	0.33
果蔬烘干机	0.26
3. 保鲜储藏设备	0.71
（七）农产品初加工机械	
1. 粮食初加工机械	199.62
2. 油料初加工机械	7.42
3. 果蔬初加工机械	1.02
4. 茶叶初加工机械	6.00
（八）畜牧机械	82.89
1. 饲料（草）加工机械	75.06
2. 饲养机械	4.53
3. 畜产品采集加工机械	1.11
（九）水产机械	27.84
1. 水产养殖机械	27.17
增氧机	19.62
投饲机	6.72
2. 水产捕捞机械	0.09

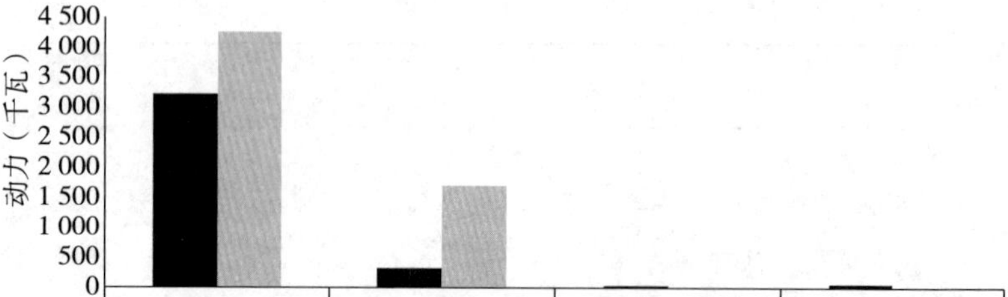

	每万亩拥有农机动力（千瓦）	每万亩拥有拖拉机动力（千瓦）	每万亩拥有水稻播种/栽植机械数量（台）	每万亩拥有谷物收割机数量（台）
■四川省	3 220	330	4	6
■全国	4 260	1 700	22	15

图 4-4　四川省每万亩均拥有农机动力（数量）与全国对比

3. 新增农机装备

2021 年和 2022 年，四川省丘陵县和山区县购置农机的数量占全省的比例在 75%左右，享受的补贴额占全省的比例近 60%，购置的主要机型如表 4-5 所示：①动力机械以轮式拖拉机为主，并以 60～90 马力的小型拖拉机为主。②耕整地机械以微耕机为主。③水稻插秧机以 4～6 行为主。④植保机械购置量较少，修剪机械购置量较大。⑤收获机械中，谷物联合收割机以 2 千克/秒及以下全喂入机型为主；油菜、薯类收获机有少量购置，采茶机购置量较多。⑥谷物烘干机和果蔬烘干机有一定的购买量。⑦智能驾驶系统自 2022 年开始产生一定的购买量。

表 4-5　四川丘陵山区 2021、2022 年新增农机装备情况

机械类型	2021 年新增（台、套）	2022 年新增（台、套）
（一）拖拉机	7 561	3 671
1. 轮式拖拉机	7 518	3 563
60～90 马力	4 173	1 926
100 马力以上	399	545
2. 履带式拖拉机	43	108

（续）

机械类型	2021 年新增（台、套）	2022 年新增（台、套）
（二）耕整地机械		
微耕机	212 805	84 456
（三）种植机械		
1. 播种机械*	390	204
2. 水稻插秧机	244	203
4～6 行	241	191
7 行及以上	3	12
（四）田间管理机械		
1. 植保机械	86	7
喷杆喷雾机	50	1
植保无人机	0	0
2. 修剪机械	2 932	2 108
（五）收获机械		
1. 谷物联合收获机械	1 978	2 324
全喂入谷物联合收割机	1 963	2 313
2 千克/秒及以下全喂入	1 111	1 520
2. 油菜籽收获机械	13	45
3. 薯类收获机械	6	0
4. 采茶机	3 820	301
（六）收获后处理机械		
1. 谷物烘干机	202	127
2. 果蔬烘干机	363	49
（七）智能驾驶系统	0	40

* 表中所列播种机械中不含育秧播种设备。

五、耕地地形条件

四川省地貌复杂，以山地为主要特色，具有山地、丘陵、平原和高原4种地貌类型，其中山地地貌面积占全省的74.2%。后文将分别从耕地地块的坡度、面积、形状和田间道路通达情况四个方面对四川省的耕地地形条件进行分析。

1. 耕地坡度

据资源学科创新平台数据库对四川省耕地资源调查数据，全省耕地坡度分类如表4-6所示。

表4-6　四川省耕地坡度占比情况

坡度	坡耕地（%）	梯田（%）	小计（%）
≤2°耕地	—	16.43	16.43
2°～6°耕地	5.49	10.52	16.01
6°～15°耕地	21.26	12.36	33.62
15°～25°耕地	18.80	5.42	24.22
>25°耕地	7.93	1.78	9.72
总计	53.48	46.52	100.00

四川省53.48%的耕地为坡耕地，46.52%的耕地为梯田。四川省6°～25°坡度的耕地占主导，占比达到57.84%，其中6°～15°坡度的耕地占比为33.62%，15°～25°坡度的耕地占比为24.22%。总体而言，随着耕地坡度的增大，坡耕地占比也相应提高，如当耕地坡度小于≤2°时，耕地全部为梯田（平田）；当坡度>25°时，坡耕地占比超过80%。

2. 耕地面积

基于天地图遥感影像挖掘和地理信息技术，抽样调查了全省8个县40个村4 111个地块。具体面积分段数据如表4-7所示。

表 4-7　四川省农田面积分段

面积分段区间（亩）	地块数（个）	占比（%）
(0, 0.5]	1 424	34.64
(0.5, 1]	1 254	30.50
(1, 1.5]	602	14.64
(1.5, 2]	312	7.59
(2, +]	519	12.62
合计	4 111	100.00

随着四川省耕地地块面积分段区间增大，地块数量分布整体呈现递减趋势。其中，面积在 1 亩及以下的耕地地块数量占比为 65.14%。耕地地块面积越小，越不利于中大型农业机械装备作业。据前期试验结果，当地块面积小于 1 亩时，中型农机作业效率显著降低 40%。四川省耕地地块面积整体偏小，碎田较多，亟须加快土地流转和小面积田块整合。

3. 耕地形状

四川省抽样样本的最小值为 1.00，最大值为 9.76。如表 4-8 所示，四川省约八成的地块长宽比在 2 及以下，接近于方形，不利于机械高效作业。根据查阅的资料，日本 1965 年的土地改良计划中，对规格化水田的定义是长 100 米、宽 30 米，长宽比约 3.33。然而，在抽样中，四川省长宽比超过 3.33 的地块数量仅有 170 个，占比不到 5%。

表 4-8　四川省农田地块长宽比分段

长宽比	地块数（块）	比例（%）
(1, 2]	3 334	81.10
(2, 3]	542	13.18
(3, 4]	133	3.24
(4, +)	102	2.48
合计	4 111	100.00

表 4－9 是四川省抽样县地块矩形度的整体情况。在所有样本中，矩形度最高为 0.95，最低为 0.06，平均值为 0.52。矩形度位于（0.3，0.6］区间地块数量最多，占比 56.94%；其次是矩形度位于（0.6，0.9］区间，占比 33.03%；再次是矩形度位于（0，0.3］区间，占比 9.63%；占比最少的是矩形度在（0.9，1］区间的。结合上文对样本地块长宽比的分析，发现四川省地块的不规则特征较明显，为了提高农机作业效率，需要投入较大的农田宜机化改造成本。

表 4－9　抽样县地块矩形度分段

矩形度	地块数（块）	比例（%）
（0，0.3］	396	9.63
（0.3，0.6］	2 341	56.94
（0.6，0.9］	1 358	33.03
（0.9，1］	16	0.39
合计	4 111	100.00

4. 耕地道路通达情况

关于田间道路通达情况，对四川省 6 个县进行抽样统计，得到四川耕地地块田间道路通达率如表 4－10 所示。

表 4－10　抽样县耕地道路通达率

名称	耕地道路通达率（%）
威远县	2
阆中市	7.2
筠连县	11.6
雷波县	11.6
木里藏族自治县	17
汉源县	48

样本中，威远县和阆中市 2 个县耕地道路通达率不足 10%，

筠连县、雷波县和木里藏族自治县3个县的耕地道路通达率不足20%，所有县耕地道路通达率均不足50%。

六、耕作制度与茬口时期

1. 四川省主要耕作制度

依据《GB/T 28407—2012 农用地质量分等规程》中的我国标准耕作制度速查表，四川省复种类型包括一年一熟制和一年二熟制，该省主要耕作制度如下：

成都市：金堂县、蒲江县主要为小麦—中稻轮作，简阳市平原主要为小麦—水稻轮作、海拔600米以上旱地主要为小麦—玉米轮作、海拔900米以上旱地主要为旱麦/玉米套作。

自贡市：荣县、富顺县平原主要为小麦—水稻轮作、海拔600米以上旱地主要为小麦—玉米轮作、海拔900米以上旱地主要为旱麦/玉米套作。

泸州市：泸县、合江县、叙永县、古蔺县平原主要为小麦—水稻轮作、海拔600米以上旱地主要为小麦—玉米轮作、海拔900米以上旱地主要为旱麦/玉米套作。

德阳市：罗江区主要为小麦—中稻轮作，中江县平原主要为小麦—水稻轮作、海拔600米以上旱地主要为小麦—玉米轮作、海拔900米以上旱地主要为旱麦/玉米套作。

绵阳市：盐亭县、梓潼县平原主要为小麦—水稻轮作、海拔600米以上旱地主要为小麦—玉米轮作、海拔900米以上旱地主要为旱麦/玉米套作，北川羌族自治县、平武县主要有小麦—水稻轮作、小麦—玉米轮作、油菜—玉米轮作。

遂宁市：蓬溪县、射洪市、大英县平原主要为小麦—水稻轮作、海拔600米以上旱地主要为小麦—玉米轮作、海拔900米以上旱地主要为小旱麦/玉米套作。

内江市：威远县、资中县、隆昌市平原主要为小麦—水稻轮作、海拔600米以上旱地主要为小麦—玉米轮作、海拔900米以上旱地主要为旱麦/玉米套作。

乐山市：犍为县、井研县、沐川县、峨边彝族自治县、马边彝族自治县平原主要为小麦—水稻轮作、海拔600米以上旱地主要为小麦—玉米轮作、海拔900米以上旱地主要为旱麦/玉米套作，峨眉山市主要为小麦—中稻轮作。

南充市：南部县、营山县、蓬安县、仪陇县、西充县、阆中市平原主要为小麦—水稻轮作、海拔600米以上旱地主要为小麦—玉米轮作、海拔900米以上旱地主要为旱麦/玉米套作。

眉山市：仁寿县平原主要为小麦—水稻轮作、海拔600米以上旱地主要为小麦—玉米轮作、海拔900米以上旱地主要为旱麦/玉米套作，洪雅县主要有小麦—水稻轮作、小麦—玉米轮作、油菜—玉米轮作，丹棱县、青神县主要为小麦—中稻轮作。

宜宾市：南溪区、叙州区、江安县、长宁县、高县、珙县、筠连县、兴文县、屏山县平原主要为小麦—水稻轮作、海拔600米以上旱地主要为小麦—玉米轮作、海拔900米以上旱地主要为旱麦/玉米套作。

广安市：岳池县、武胜县、邻水县、华蓥市平原主要为小麦—水稻轮作、海拔600米以上旱地主要为小麦—玉米轮作、海拔900米以上旱地主要为旱麦/玉米套作。

达州市：达川区、宣汉县、开江县、大竹县、渠县、万源市平原主要为小麦—水稻轮作、海拔600米以上旱地主要为小麦—玉米轮作、海拔900米以上旱地主要为旱麦/玉米套作。

雅安市：名山区主要为小麦—中稻轮作，荥经县、汉源县、石棉县、天全县、芦山县、宝兴县平原主要为小麦—水稻轮作、海拔600米以上旱地主要为小麦—玉米轮作、海拔900米以上旱地主要为旱麦/玉米套作。

巴中市：平昌县平原主要为小麦—水稻轮作、海拔600米以上旱地主要为小麦—玉米轮作、海拔900米以上旱地主要为旱麦/玉米套作，通江县和南江县主要有小麦—水稻轮作、小麦—玉米轮作、油菜—玉米轮作。

资阳市：安岳县、乐至县平原主要为小麦—水稻轮作、海拔600米以上旱地主要为小麦—玉米轮作、海拔900米以上旱地主要为旱麦/玉米套作。

攀枝花市：米易县和盐边县海拔800米以下区域主要为小麦—水稻轮作、海拔800～1 500米区域主要为麦/玉米套作、海拔1 500米以上主要为玉米单作。

广元市：旺苍县和青川县主要有小麦—水稻轮作、小麦—玉米轮作、油菜—玉米轮作，剑阁县和苍溪县平原主要为小麦—水稻轮作、海拔600米以上旱地主要为小麦—玉米轮作、海拔900米以上旱地主要为旱麦/玉米套作。

阿坝藏族羌族自治州：理县、茂县、松潘县、汶川县和黑水县为一年二熟，主要耕作制度包括小麦—水稻轮作、小麦—玉米轮作和油菜—玉米轮作；马尔康市、壤塘县、若尔盖县、小金县、红原县、金川县、九寨沟县为一年一熟，主要种植春小麦、青稞、油菜等作物，阿坝县为一年一熟，主要种植小麦、青稞、玉米等作物。

甘孜藏族自治州：全域各市县为一年一熟，主要种植春小麦、青稞、油菜等作物。

凉山彝族自治州：西昌市、布拖县、德昌县、甘洛县、会东县、会理市、金阳县、雷波县、美姑县、冕宁县、宁南县、普格县、喜德县、盐源县、越西县、昭觉县为一年一熟或一年二熟，海拔800米以下为小麦—水稻轮作，800～1 500米为小麦/玉米套作、1 500米以上主要种植玉米；木里藏族自治县为一年一熟，主要种植春小麦、青稞、油菜等作物。

2. 各类耕作制度茬口时期

小麦—水稻轮作模式：小麦播种时间为9月中下旬至10月下旬，收获时间为4月下旬至5月下旬。水稻育秧播种时间为3月下旬至4月下旬，插秧时间为4月下旬至6月初，收获时间为8月中旬至10月中旬。

小麦—玉米轮作模式：小麦播种时间为9月中下旬至10月下旬，收获时间为4月下旬至5月下旬。玉米播种时间为6月上中旬，收获时间为 9 月中下旬。

油菜—玉米轮作：油菜播种时间为 9 月中下旬至 10 月下旬，收获时间为 4 月下旬至 5 月下旬。玉米播种时间为 6 月上中旬，收获时间为 9 月中下旬。

春小麦：2—4 月播种，7 月中旬至 8 月上旬收获。

青稞：3—4 月播种，7—8 月收获。

油菜：4 月前后播种，9 月前后收获。

玉米：3 月下旬至 4 月下旬播种，8 月前后收获。

海拔 600 米以上旱地主要为小麦—玉米轮作：小麦播种时间为 9 月中下旬至 10 月上中旬，收获时间为 5 月。玉米播种时间为 5 月中下旬，收获时间为 9 月。

海拔 900 米以上旱地主要为旱麦/玉米套作：小麦 9 月下旬至 10 月中旬播种，3 月下旬至 4 月中旬套作玉米，5 月中旬至 6 月上旬收获小麦，8—9 月收获玉米。

玉米（海拔 1 500 米 以上）：4 月下旬至 5 月上中旬播种，8—9 月收获。

七、土壤种类

依据我国第二次土壤普查数据，四川省丘陵山区市县的主要土壤种类如下：

成都市：蒲江县主要为蒲江黄泥田、黄潮白鳝泥田，金堂县为棕紫泥土、姜石黄泥、黄红紫泥土，简阳市为夹黄紫泥田。

自贡市：主要有天全泡土、灰棕黄紫泥土、暗紫黄泥土、暗紫砂泥土、棕紫砂泥土、小土黄泥田、铜梁大泥田、夹黄紫泥田、蒲江黄泥田、内家紫砂泥田，其中荣县主要为红紫砂土。

泸州市：主要有黔江黄泥土、扁砂黄泥土、酸紫砂土、灰棕紫砂泥土、红棕紫泥土、夹白鳝黄泥田、小土黄泥田、酸紫泥田、内家紫砂泥田、下湿紫泥田，其中泸县主要为下湿紫泥田，合江县主要为紫潮砂泥土和厚毡洼炭土，古蔺县主要为石骨子田和酸紫泥田。

德阳市：主要有姜石黄砂泥土、姜石黄泥土、理县灰包土、白眼砂土、彭山灰棕砂土、黄红紫泥土、黄红紫黄泥土、黄红紫砂土、黄红紫砂泥土、灰棕潮砂泥土、汉昌潮砂泥田、小土黄泥田、姜石黄泥田、鸭屎黄泥田、白鳝泥田，其中中江县主要为黄红石骨土、黄红紫砂土、黄红紫砂泥土。

绵阳市：主要有面黄泥土、扁砂黄泥土、扁石黄砂土、姜石黄砂泥土、姜石黄泥土、冕宁酸白砂土、钙紫大泥土、黄红紫泥土、黄红紫黄泥土、黄红石骨土、黄红紫砂土、黄红紫砂泥土、灰棕潮泥土、灰棕潮砂泥土、黄潮砂泥土、黄紫泥田、汉昌潮砂泥田、铁杆子黄泥田、蓬安死黄泥田、姜石黄泥田、石骨子田、下湿黄泥田，其中梓潼县主要为黄红紫泥土、黄红紫黄泥土，北川羌族自治县主要为面黄泥土、仪陇黄砂土、扁石黄砂土、黄潮砂泥土。

遂宁市：主要有万源泡土、天全泡土、钙紫大泥土、棕紫泥土、红棕紫泥土、红棕石骨土、棕紫石骨土、棕紫砂土、黄红紫砂土、红棕紫砂泥土、棕紫砂泥土、紫潮砂泥土、紫潮泥土，其中射洪县主要为棕紫砂土、棕紫砂泥土。

内江市：主要有名山白鳝泥土、万源泡土、天全泡土、新津紫砂土、灰棕黄紫泥土、黄红紫黄泥土、棕紫泥土、红棕紫泥土、棕紫石骨土、棕紫砂土、红棕紫砂泥土、棕紫砂泥土、灰棕潮泥土、紫潮砂泥土、铜梁大泥田、夹黄紫泥田、蓬安死黄泥田、蒲江黄泥田、内家紫砂泥田、下湿紫泥田，其中隆昌市主要为石灰黄泥土。

乐山市：主要有面黄泥土、大足黄泥土、北碚黄泥土、仪陇黄砂土、扁砂黄泥土、彭山灰棕砂土、石灰红泥土、红紫砂泥土、红紫砂土、剑阁紫泥土、暗紫砂泥土、钙紫石骨土、棕紫石骨土、砖红紫石骨土、红棕紫砂泥土、黄紫泥田、汉昌潮砂泥田、夹黄紫泥田、石骨子夹泥田、下湿紫泥田、白鳝泥田，其中井研县主要为钙紫石骨土。

南充市：主要有仪陇黄砂土、万源泡土、天全泡土、白眼砂土、棕紫泥土、红棕紫泥土、钙紫石骨土、红棕石骨土、棕紫石骨土、黄红石骨土、棕紫砂土、黄红紫砂土、红棕紫砂泥土、黄红紫砂泥土、棕紫砂泥土、黄潮砂泥土、假白鳝紫泥田、石骨子夹泥田、蓬安死黄泥田、石骨子田、破黄泥田、内家紫砂泥田，其中蓬安县主要为酸紫黄泥土、红棕紫泥土、蓬安死黄泥田，仪陇县主要为棕紫夹砂泥田。

眉山市：仁寿县主要为砖红紫石骨土、仁寿棕紫泥田。

宜宾市：主要有北碚黄泥土、石柱黄泥土、黔江黄泥土、扁砂黄泥土、红紫砂泥土、酸紫砂土、红紫砂土、酸紫黄泥土、暗紫石骨土、棕紫泥土、钙紫石骨土、紫潮泥土、假白鳝紫泥田、夹白鳝黄泥田、酸紫泥田。

广安市：华蓥市主要为破黄泥田。

达州市：达川区主要为大足黄泥土、石柱黄泥土、麻砂黄棕泥、酸紫砂土、酸紫黄泥土、剑阁紫泥土、灰棕紫砂泥土、棕紫石骨土、黄红石骨土、棕紫砂土、假白鳝紫泥田、黄紫泥田、铜梁大泥田、石骨子夹泥田、石骨子田、破黄泥田，大竹县主要为红棕石骨土，渠县主要为假白鳝紫泥田，万源市主要为麻砂黄棕泥。

雅安市：主要有名山白鳝泥土、麻砂黄棕泥、冕宁酸白砂土、石灰红泥土、红紫砂泥土、红紫砂土、砖红紫石骨土、德昌灰红泥田、铁杆子黄泥田、下湿黄泥田、白鳝泥田、马尔康黑毡泥土、棕黑毡砂土、冷雪土，其中名山区主要为名山白鳝泥土、白鳝泥田，荥经县主要为红紫砂泥土，天全县主要为天全泡土。

资阳市：主要为白眼砂土、灰棕潮砂泥土、紫潮泥土。

攀枝花市：主要为西昌红泥土、攀枝花山红泥、厚层燥红泥土、燥红砂泥土、冕宁黄红砂土、石灰红泥土、德昌灰红泥田。

广元市：主要为黔江黄泥土、扁砂黄泥土、扁石黄砂土、姜石黄砂泥土、姜石黄泥土、石灰黄泥土、酸紫砂土、黄红紫泥土、黄红紫黄泥土、黄红石骨土、黄红紫砂泥土、黄潮砂泥土、黄紫泥田、破黄泥田、蒲江黄泥田。

阿坝藏族羌族自治州：主要有理县灰包土、冕宁酸白砂土、厚层燥褐砂土、丹巴棕砂土、红原半溜沙土、石灰棕泥土、厚层挂炭土、小金草毡砂土、马尔康黑毡泥土、棕黑毡砂土、冷雪土，其中汶川县主要为夹石褐砂土，理县主要为理县灰包土、冕宁酸白砂土、厚层燥褐砂土，茂县主要为二黄土，金川县主要为夹石褐砂土、厚层燥褐砂土，小金县主要为夹石褐砂土、小金草毡砂土，马尔康市主要为二黄土、马尔康黑毡泥土，壤塘县主要为二黄土，若尔盖县主要为二黄土、厚层甸壤土、厚层挂炭土、厚层草炭土，红原县主要为红原半溜沙土、厚层挂炭土、厚层草炭土。

甘孜藏族自治州：主要有理县灰包土、冕宁酸白砂土、夹石褐砂土、厚层燥褐砂土、稻城黑砂土、丹巴棕砂土、厚层草炭土、小金草毡砂土、马尔康黑毡泥土、理塘黑毡泥土、棕黑毡砂土、冷雪土，其中康定市主要有乡城褐砂土、棕黑毡砂土，泸定县主要为夹石褐砂土，丹巴县主要为丹巴棕砂土，九龙县主要为乡城褐砂土，雅江县主要为乡城褐砂土，炉霍县主要为二黄土，色达县主要为稻城黑砂土，理塘县主要为理塘黑毡泥土、冷雪土，乡城县主要为万源泡土、乡城褐砂土，稻城县主要为稻城黑砂土，得荣县主要为乡城褐砂土。

凉山彝族自治州：主要有西昌红泥土、西昌黄红泥土、攀枝花山红泥、燥红砂泥土、丹巴棕砂土、冕宁黄红砂土、石灰红泥土、石灰棕泥土、厚层草炭土、德昌灰红泥田、小金草毡砂土、马尔康黑毡泥土、棕黑毡砂土、冷雪土，其中西昌市主要为西昌红泥土、西昌黄红泥土，德昌县主要为德昌灰红泥田，会东县主要为下湿黄泥田，宁南县主要为石灰红泥土，普格县主要为石灰棕泥土，喜德县主要为厚层山甸土，冕宁县主要为冕宁酸白砂土、冕宁黄红砂土。

结合土种生产性能概况表（附表3）可以看出，四川省丘陵山区农田土种性状多样，各类土质兼而有之，其中土质适中、耕性较好的土种占比最高，其次为土质黏重、耕性较差的土种，再次为土质松散易耕但漏水漏肥的土种，少部分土种砾石含量高或者地势低洼、通透性差、土性冷。适合中小型农机具作业，根据地形和土壤条件选择适宜动力，土壤黏重地区宜选择轻简型农机具，以克服黏重土壤的阻滞和黏附，并注意砾石对耕作部件的影响。土质松散地区宜减少耕作次数和强度，或选择少免耕农机具和配套技术。

八、机械化作业及机具选型建议

1. 水稻

机械化作业建议：因地制宜地开展农田宜机化改造，切实改善农机通行和作业条件，提高农机适应性，配套完善水利设施，实现能排能灌。推广适宜水田作业的高性能高效率中大马力履带式拖拉机和轮式四驱拖拉机及其配套旋耕机、水田打浆平地机，推动微耕机更新和升级换代，实行大中小型合理配套，全面普及耕整地机械化技术。积极探索试验机械化育插秧、水（旱）直播、无盘旱育抛栽秧等多种机械化轻简种植方式。推广高效植保机械，加强绿色防控与统防统治结合，开展水稻病虫草害防治。大力推广适宜丘陵山区作业的水稻收割机，积极开展跨区收获，快速扩大水稻机收面积。开展节能、环保型的低温循环式烘干机和移动烘干机的示范推广，逐步提高粮食烘干处理机械化水平。水稻秸秆以翻埋灌水腐烂还田肥田为主（表4-11）。

表4-11　四川省水稻生产全程机械化机具选型建议

机具名称	技术参数
拖拉机	35～75马力
微耕机	6～9马力
水田旋耕机	耕深10～16厘米
水田起浆平地机	平整深度5～10厘米
铧式犁	耕深15～22厘米
育秧播种流水线	作业效率>400盘/小时
手扶插秧机	2～6行，行距25厘米或30厘米
植保无人机	药箱容积≥10升，续航时间≥15分钟

（续）

机具名称	技术参数
稻麦联合收获机	喂入量 0.6～6 千克/秒
粮食低温烘干机	低温循环式，批处理量 10 吨

2. 玉米

机械化作业建议：前茬作物秸秆粉碎还田，整地要做到碎、平、净，且上虚下实，为播种打好基础。选用精品种子，发芽率≥95%，种子发芽势高，机械单粒精量播种。玉米播种深度在 3～5 厘米，墒情好时浅播，干旱时加深。镇压要实，使种子与土壤紧密接触。玉米播后苗前要喷洒除草剂，建议在播种机上装除草剂喷洒装置，播种的同时喷洒土壤封闭型除草剂，还可同时喷洒杀虫杀卵剂。在大喇叭口前期可使用自走式高地隙喷杆喷雾机进行病虫草害防治，大喇叭口期以后可使用植保无人机进行飞防。玉米收获时，一般要求籽粒含水率＜28%、叶片和秸秆的含水率＜60%、玉米最低结穗高度一致、植株倒伏率≤5%；对收获质量要求籽粒损失率≤2.0%、果穗损失率≤3.0%、籽粒破碎率≤5.0%、籽粒含杂率≤5.0%，割茬高度≤10 厘米、秸秆还田粉碎长度≤10 厘米、秸秆粉碎还田合格率≥90%、秸秆抛撒不均匀率≤20%，秸秆覆盖均匀无堆积，以保证后茬作物正常播种为宜（表 4 - 12）。

表 4 - 12　四川省玉米生产全程机械化机具选型建议

机具名称	技术参数
拖拉机	50 马力左右中型拖拉机
播种机	2 行以上牵引式播种机，或指夹式玉米精量播种机，具有种肥同播功能
无人植保机	药箱容积≥10 升，续航时间≥15 分钟
玉米联合收割机	行数 2～4 行

3. 甘薯

机械化作业建议：①培育健康种苗。苗床选用交通便利、浇水方便、排水良好、向阳背风、海拔 200～600 米的地段和砂壤土，一般采用地膜加拱膜双膜育苗方式。对海拔较高地区或有早栽需求的，采用大棚加电热育苗方式；对播种较迟的采用平膜覆盖育苗。②科学起垄栽培。在前作收获后或种苗移栽前 15 天及时深翻土地，不宜在土壤黏湿时耕作。地块耙平耙细后起垄，坡地垄距一般为 80～90 厘米，垄高 20～30 厘米；平坝垄距一般为 70～80 厘米，垄高 30～40 厘米；机械化起垄，要求垄形饱满肥胖，垄沟窄深，垄面平，垄土塌实，无硬心。根据轮作制度适当调整施肥策略，通过秸秆还田、绿肥轮作、增施有机肥等措施综合提升甘薯主产区耕地质量。③科学合理密植。鲜食品种宜选择水平法，其他品种采用斜插法进行栽插。选取 5～7 节长的尖梢苗进行栽插，3～4 节埋入土中，2～3 节露出地面，压实入土种苗。根据品种特性，选择适宜密度，净作种植密度宜 3 500～4 000 株/亩，套作种植密度宜 3 000～3 500 株/亩。鲜食品种宜密栽植。④适时采收贮运。鲜食甘薯根据市场情况收挖和销售。种薯宜在霜降前收获完毕，淀粉加工或食品加工用甘薯根据企业需求时间收挖。收挖应结合土壤条件，晴天收挖、雨天不挖。建议就地分拣，当天收挖、当天入窖（库）。有条件的区域可进行高温愈合处理，采取适当方式进行安全贮藏，贮藏设施温度宜保持 10～13℃，空气相对湿度宜保持 80%～90%（表 4-13）。

表 4-13　贵州省甘薯生产全程机械化机具选型建议

机具名称	技术参数
拖拉机	30～50 马力
起垄机	垄距 80～90 厘米
移栽机	垄距 80～90 厘米甘薯移栽机，或甘薯起垄移栽复式作业机
割蔓机	垄距 80～90 厘米薯蔓粉碎还田机
收获机	垄距 80～90 厘米甘薯挖掘犁、挖掘收获机或联合收获机

4. 油菜

机械化作业建议：播种前，要确保田块土壤含水率不大于40%，否则必须晒田。浅耕、免耕直播油菜要求水稻的留茬高度不高于15厘米；田间秸秆粉碎还田，秸秆长度不大于5厘米。直播作业可采取机械浅耕联合播种、机械免耕联合播种、机械整地开沟+机械喷播和机械免耕开沟+机械喷播四种方式。育苗播种先要做好育苗准备，育苗场地应选择平整的水泥场地或平整后的田块，周围无遮光物，供水方便，排水顺畅。播种时使用适合油菜精量播种的苗盘播种流水线进行铺底土、浇水、播种、覆土等作业。机械移栽采用可一次性完成松土切缝开沟、切块栽插、覆土镇压等多道工序的油菜毯状苗移栽机。施肥环节如果采取种肥混播复式作业机具施用基肥，应选用吸水性差的颗粒肥料，以防止化肥在肥箱中结块堵塞；采用机械整地开沟和机械免耕开沟的方式时，要在开沟前先施基肥。除草和病虫害防治可选择喷杆喷雾机或超低空遥控无人植保机等机具进行机械化植保作业。收获方面，采用机械联合收获的机具选择上，对于直播油菜或株型适中的移栽油菜，选用能一次性完成收割、脱粒、清选的油菜联合收割机或双滚筒、纵轴流谷物联合收割机加装油菜收获装置进行收获；对于移栽油菜，特别是植株高大、高产的移栽油菜，宜采取先用割晒机进行割晒，后用捡拾收获机进行捡拾脱粒的分段收获方式。采用联合收获方式时，应在全田90%以上油菜角果外观颜色变黄色或褐色，完熟度基本一致的条件下进行；采用分段收获方式时，应在全田油菜70%～80%角果外观颜色呈黄绿或淡黄，种皮也由绿色转为红褐色时，采用割晒机进行割晒作业。将割倒的油菜就地晾晒后熟5～7天（根据天气，晾晒时间可以再延长），成熟度达到95%后，用捡拾收获机进行捡拾、脱粒及清选作业。应避开雨天和露水未干时收获（表4-14）。

表4-14　四川省油菜生产全程机械化机具选型建议

机具名称	技术参数
拖拉机	40～75马力四轮驱动，或35～70马力轻型履带拖拉机

（续）

机具名称	技术参数
浅（免）耕联合播种机	播种行数≥2行，具有旋耕、开沟、镇压、施肥、播种等功能
无人植保机	药箱容积≥10升，续航时间≥15分钟
油菜全喂入联合收割机	喂入量≥1.0千克/秒，配备秸秆切碎装置
烘干机	批处理量≥10吨

5. 小麦

机械化作业建议：前茬水稻机械收获作业同时，将秸秆切碎匀抛，高留茬不利小麦播种作业，需用灭茬机再次对水稻秸秆进行粉碎作业，降低留茬高度；旋耕或犁耕整地后适时进行播种，提倡采用复式作业机械一次完成旋耕整地、播种施肥、镇压作业；播后及时进行机械开沟排水；适时进行病虫害防治和化控作业；小麦成熟后适时进行机械化收获及烘干，使得小麦含水率达到适宜贮藏的条件（表4-15）。

表4-15　四川省小麦生产全程机械化机具选型建议

机具名称	技术参数
拖拉机	40～75马力左右
秸秆粉碎还田机	幅宽1.2米以上
铧式犁	2铧犁或4铧犁
旋耕机	幅宽1.5米以上
小麦施肥播种复式作业机	2～10行
开沟机	梯形沟双圆盘开沟机
植保机械	自走式喷杆喷雾机
稻麦联合收割机	喂入量0.6～6千克/秒
粮食低温烘干机	低温循环式，批处理量10吨

第五章 重庆市农业机械化发展情况

一、丘陵山区地域范围

重庆市，简称渝，面积 82 403 平方公里，辖 26 个市辖区、8 个县、4 个自治县（合计 38 个县级行政区划单位）。重庆有 13 个丘陵县和 13 个山区县，分布于城市发展新区、渝东北生态涵养发展区和渝东南生态保护发展区 3 个区。26 个丘陵县和山区县行政区域面积共 68 182 平方公里，占重庆全市行政区域面积的 82.74%。

丘陵县包括：大足区、长寿区、江津区、合川区、永川区、潼南区、铜梁区、荣昌区、璧山区、梁平区、垫江县、忠县、开州区。

山区县包括：綦江区、南川区、城口县、丰都县、武隆区、云阳县、奉节县、巫山县、巫溪县、石柱土家族自治县、秀山土家族苗族自治县、酉阳土家族苗族自治县、彭水苗族土家族自治县。

二、社会经济与人口总体情况

重庆市丘陵山区行政面积占全市比重超过 80%，人口超过 70%，经济产出近 20%，农业产值占经济总量的比重较高。据统计，2019 年，重庆市 26 个丘陵县和山区县当年地区生产总值（GDP）为 11 875 亿元，户籍人口 2 370 万人，第一产业增加值 1 266亿元，一般公共预算收入 671 亿元，一般公共预算支出 2 091 亿元，分别占全市的 50.31%、75.86%、81.63%、31.43% 和 43.13%（表 5－1）；第一产业增加值占 GDP 的比重为 10.66%，比全市高出 4.09 个百分点，比全国平均水平高出 3.55 个百分点（图 5-1）。

表 5-1　重庆市丘陵山区社会经济与人口总体情况

	行政区域面积（平方公里）	户籍人口（万人）	地区生产总值（亿元）	第一产业增加值（亿元）	一般公共预算收入（亿元）	一般公共预算支出（亿元）
丘陵山区县	68 182	2 370	11 875	1 266	671	2 091
全市	82 403	3 124	23 606	1 551	2 135	4 848
占比（%）	82.74	75.86	50.31	81.63	31.43	43.13

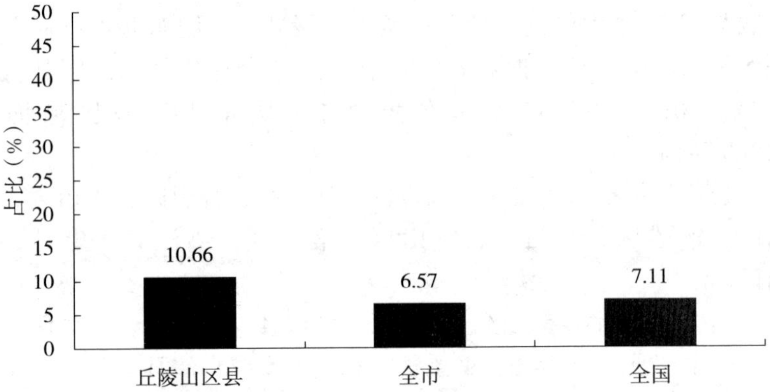

图 5-1　重庆市丘陵山区第一产业增加值占地区生产总值比重与全省、全国对比

三、农业生产结构

1. 全市情况

从全市农业种植情况来看，2021 年重庆市农作物播种面积共 3 409.3 千公顷，其中水稻、小麦、玉米、豆类、薯类播种面积分别为 658.9 千公顷、18.7 千公顷、443.8 千公顷、203.9 千公顷、666.6 千公顷；油料播种面积 338 千公顷，以油菜籽为主；麻类和糖料作物播种面积分别仅 1.8 千公顷和 1.9 千公顷；烟叶播种面积

27 千公顷，以烤烟为主；蔬菜播种面积 791.4 千公顷。水稻、小麦、玉米、豆类、薯类、油料、蔬菜播种面积占农作物总播种面积的比例分别为 19.33%、0.55%、13.02%、5.98%、19.55%、9.91%、23.21%（表 5 - 2）。可见，水稻、玉米、薯类、油料和蔬菜是重庆的主要作物。此外，重庆拥有茶园、果园面积分别为 54.3 千公顷和 355.1 千公顷。

表 5 - 2　重庆市农业种植结构

品种	全省播种面积（千公顷）	种植结构（%）
农作物总播种面积	3 409.3	100.00
水稻	658.9	19.33
小麦	18.7	0.55
玉米	443.8	13.02
豆类	203.9	5.98
大豆	99.4	2.92
薯类	666.6	19.55
棉花	0	0.00
油料	338	9.91
花生	63.5	1.86
油菜籽	261.5	7.67
芝麻	4.1	0.12
麻类	1.8	0.05
糖料	1.9	0.06
甘蔗	1.9	0.06
甜菜	0	0.00
烟叶	27	0.79
烤烟	22.1	0.65
蔬菜	791.4	23.21

（续）

品种	全省播种面积（千公顷）	种植结构（%）
茶园面积	54.3	—
果园面积	355.1	—

从主要农作物占全国的比例来看，重庆市粮食作物播种面积占全国粮食播种总面积的1.71%，薯类占9.09%，油料占2.58%，蔬菜占3.60%，茶园和果园分别占1.64%和2.77%（图5-2）。可见，重庆市薯类作物在全国占据重要份额。

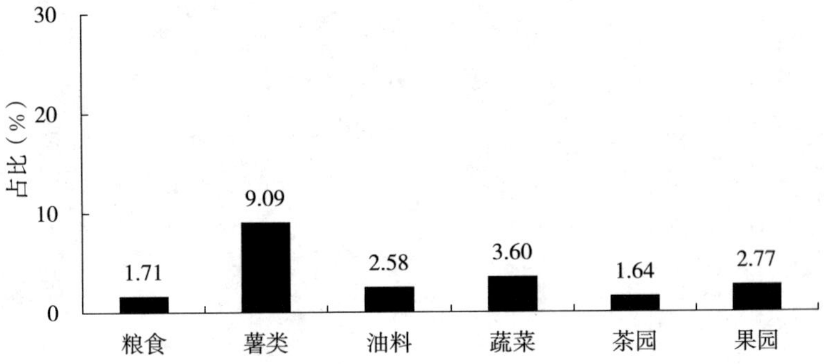

图5-2 重庆市主要农作物播种面积占全国的比例

2. 丘陵山区情况

重庆26个丘陵县和山区县农作物总播种面积为2 935.64千公顷，其中水稻播种面积574.85千公顷，全部为中稻和一季晚稻；小麦播种面积53.84千公顷，春小麦占89.23%；玉米播种面积为391.58千公顷；豆类播种面积200.95千公顷；薯类播种面积为615.72千公顷；油料作物播种面积为290.76千公顷，花生和油菜籽分别占17.81%和78.98%；蔬菜播种面积541.90千公顷。茶园和果园面积分别为38.50千公顷和248.94千公顷。从作物播种面积占全市的比例来看，丘陵山区农作物播种面积占全市农作物总播种面积的比例为81.53%；水稻、小麦、玉米、豆类、薯类、油料作物和蔬菜播种面积占全市各类作物播种面积的比例分别为

83.06%、90.03%、82.39%、82.83%、82.48%、90.86% 和 72.53%；茶园和果园面积所占比例分别为 91.03%、80.72%（表 5-3）。

表 5-3　重庆市丘陵山区县农业种植结构

品种	丘陵山区县播种面积（千公顷）	占全省比例（%）
农作物总播种面积	2 935.64	81.53
水稻	574.85	83.06
中稻和一季晚稻	574.85	
小麦	53.84	90.03
春小麦	48.04	
玉米	391.58	82.39
豆类	200.95	82.83
薯类	615.72	82.48
油料作物	290.76	90.86
花生	51.78	89.13
油菜籽	229.66	91.13
蔬菜	541.90	72.53
茶园面积	38.50	91.03
果园面积	248.94	80.72

四、农业机械化率与农机装备结构

1. 农业机械化率

据测算，2021 年重庆农作物耕种收综合机械化率为 46.65%，其中机耕率、机播率和机收率分别为 80.97%、13.12%和 34.43%（图 5-3）。三大粮食作物水稻、小麦、玉米的耕种收综合机械化率分别为 71.95%、46.17%、32%。重庆农作物耕种收综合机械化率总体偏低，主要在于机播和机收环节；粮食作物中水稻种植机械化率较高，但小麦和玉米种植机械化率偏低。

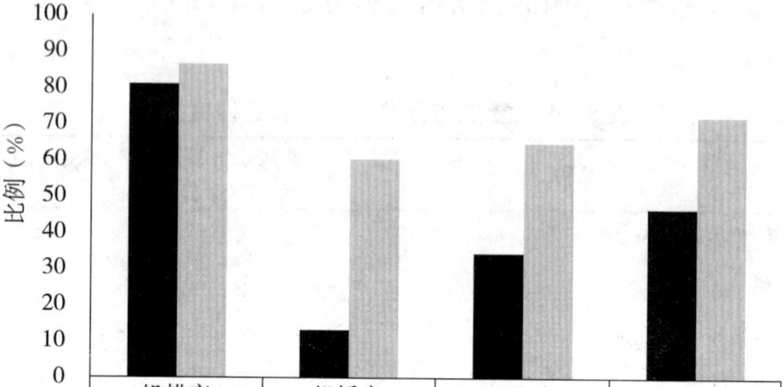

	机耕率（%）	机播率（%）	机收率（%）	综合机械化率（%）
■重庆市	80.97	13.12	34.43	46.65
■全国	86.42	60.22	64.66	72.03

图 5－3　重庆市农作物耕种收综合机械化水平与全国对比

2. 农机装备结构

2021 年重庆全市农机总动力 1 532.45 万千瓦，平均每万亩拥有农机动力 3 000 千瓦（图 5－4）。主要农业机械保有量如表 5－4 所示。可以看出：①拖拉机以小型为主，每万亩拥有拖拉机动力 40 千瓦，远低于全国平均水平。2021 年全市拖拉机保有量 0.70 万台，其中小型拖拉机占比高达 65.71%，大型拖拉机仅占比 5.71%。②耕整地机械以微耕机为主，高效作业机械保有量极少。微耕机占各类耕整机械总量的比例高达 99.08%。③各类播种机数量较少，每万亩拥有水稻播种（栽植）机械 12 台，为全国平均水平的 1/2。④植保机械以传统低效植保机为主，高效植保机械占比不足 1%。⑤全市拥有谷物联合收割机 1.11 万台，每万亩拥有谷物联合收割机 6 台，油菜籽、马铃薯等其他收获机械保有量较低。⑥收获后处理机械中，全市拥有粉碎还田机 0.14 万台，谷物烘干机 0.17 万台，果蔬烘干机 0.01 万台。⑦农产品初加工作业机械以粮食初加工机械为主，油料、蔬菜、茶叶等初加工机械保有量较低。⑧畜牧机械以饲料（草）加工机械设备为主，饲养机械和畜产品采集加工机械数量较少。全市拥有畜牧机械 56.11 万台（套），其中饲料（草）加工机械占比 94.65%。⑨水产机械以增氧机为主，饲喂机械和捕捞机械数量较少。全市拥有水产机械 9.87 万台（套），其中增氧机占比 69.3%。

表 5-4　重庆市主要农业机械保有量情况

机械类型	保有量（万台、套）
（一）拖拉机	0.70
1. 小型（30 马力及以下）	0.46
2. 中型（30～100 马力）	0.21
3. 大型（100 马力及以上）	0.04
（二）耕整地机械	88.67
1. 微耕机	87.85
2. 旋耕机	0.63
3. 深松机	0.09
4. 联合整地机	<0.01
（三）种植施肥机械	1.21
1. 精量播种机	0.02
2. 整地施肥播种机	<0.01
3. 水稻直播机	0.03
4. 水稻插秧机	1.15
乘坐式	0.02
（四）田间管理机械	
1. 机动植保机械	7.66
自走式	0.03
2. 植保无人机	0.07
3. 修剪机械	1.49
茶树修剪机	0.33
果树修剪机	1.16

（续）

机械类型	保有量（万台、套）
（五）收获机械	
1. 谷物联合收割机	1.11
稻麦联合收割机	1.11
玉米联合收割机	<0.01
2. 油菜籽收获机械	0.04
3. 马铃薯收获机械	<0.01
4. 蔬菜收获机械	<0.01
5. 采茶机	0.03
（六）收获后处理机械	
1. 秸秆粉碎还田机	0.14
2. 干燥机械	0.34
谷物烘干机	0.17
果蔬烘干机	0.01
3. 保鲜储藏设备	0.10
（七）农产品初加工机械	
1. 粮食初加工机械	145.45
2. 油料初加工机械	1.63
3. 蔬菜初加工机械	0.37
4. 茶叶初加工机械	1.82
（八）畜牧机械	56.11
1. 饲料（草）加工机械	53.11
2. 饲养机械	1.35
3. 畜产品采集加工机械	0.14

（续）

机械类型	保有量（万台、套）
（九）水产机械	9.87
1. 水产养殖机械	9.40
增氧机	6.84
投饲机	1.52
2. 水产捕捞机械	0.05

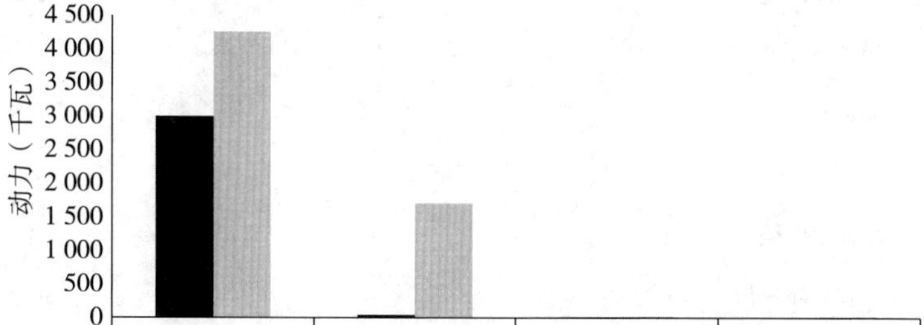

	每万亩拥有农机动力（千瓦）	每万亩拥有拖拉机动力（千瓦）	每万亩拥有水稻播种/栽植机械数量（台）	每万亩拥有谷物收割机数量（台）
■重庆市	3 000	40	12	6
■全国	4 260	1 700	22	15

图 5－4　重庆市每万亩拥有农机动力/数量与全国对比

3. 新增农机装备

2021 年和 2022 年，重庆市丘陵县和山区县购置农机的数量和享受的补贴额占全市的比例在 75%左右，购置的主要机型如表 5－5 所示：①动力机械方面以轮式拖拉机为主，其中 60～90 马力段的中型拖拉机占比在 65%左右，100 马力以上大型拖拉机购买量逐渐增多。②耕整地机械以微耕机为主。③水稻插秧机购置量逐步增加，全部为 4～6 行机型。④2022 年植保机械购置量明显较上年减少，植保无人机购置量基本保持稳定，修剪机械购置量呈增加趋势。⑤谷物联合收割机中 2 千克/秒及以下全喂入机型购买量占比超 70%。⑥谷物和果蔬烘干机械发展缓慢。

表 5－5　重庆丘陵山区 2021 年、2022 年新增农机装备情况

机械类型	2021 年新增（台、套）	2022 年新增（台、套）
（一）拖拉机	271	333
1. 轮式拖拉机	265	289
60～90 马力	179	184
100 马力以上	73	95
2. 履带式拖拉机	6	44
（二）耕整地机械		
微耕机	56 851	51 913
（三）种植机械		
1. 播种机械	3	0
2. 水稻插秧机	81	115
4～6 行	81	115
（四）田间管理机械		
1. 植保机械	745	174
喷杆喷雾机	1	0
植保无人机	85	88
2. 修剪机械	734	1 116
（五）收获机械		
1. 谷物联合收获机械	316	427
全喂入谷物联合收割机	315	425
2 千克/秒及以下全喂入	221	320
2. 油菜籽收获机械	1	0
（六）收获后处理机械		
1. 谷物烘干机	23	6
2. 果蔬烘干机	24	0

五、耕地地形条件

重庆市地貌以山地、丘陵为主，共有山地、丘陵、平地和平坝4种地貌类型，分别占全省面积的75.8%、18.2%、3.6%、2.4%。本节将分别从耕地地块的坡度、面积、形状和道路通达情况四个方面对重庆市的耕地地形条件进行分析，剖析重庆市耕地地块的宜机化现状和发展空间。

1. 耕地坡度

重庆市耕地坡度分类及其占比如表5-6所示。重庆市54.55%的耕地为坡耕地，45.45%的耕地为梯田。6°～15°坡度的耕地和15°～25°坡度的耕地占比最大，分别为31.96%和31.37%，6°～25°坡度的耕地占比合计达到63.33%。15°坡度以下的耕地以梯田为主导，15°以上的耕地以坡耕地为主导。总体而言，随着坡度上升，梯田占比减少，坡耕地占比越来越高。

表5-6　重庆市耕地坡度占比情况

坡度	坡耕地（%）	梯田（%）	占比（%）
≤2°耕地	—	4.72	4.72
2°～6°耕地	3.15	12.68	15.83
6°～15°耕地	15.19	16.77	31.96
15°～25°耕地	23.00	8.37	31.37
>25°耕地	13.21	2.92	16.12
总计	54.55	45.45	100.00

2. 耕地面积

基于QGIS平台原始影像以及天地图遥感影像挖掘和地理信息技术，对重庆市抽样调查了2个县10个村994个地块。具体面积分段数据如表5-7所示。

表 5-7 重庆市农田面积分段

面积分段区间（亩）	地块数（块）	占比（%）
(0，0.5]	58	5.84
(0.5，1]	204	20.52
(1，1.5]	178	17.91
(1.5，2]	139	13.98
(2，2.5]	99	9.96
(2.5，3]	71	7.14
(3，+)	245	24.65
合计	994	100

样本中重庆市 0.5 亩以下的田块数量 58 个，占比 5.84%；1 亩及以下总共占比 26.36%，3 亩以上田块数量 245 个，占比 24.65%。重庆市近年来高度重视农田宜机化改造，通过土地流转建设了大批高标准农田，有助于提升农机装备作业效率。

3. 耕地形状

通过计算，重庆市样本地块长宽比最小值为 1.00，最大值为 6.02。如表 5-8 所示，89.24%的地块长宽比在 2 及以下，接近于方形，要求农业机械调头的次数会更多。在抽样中，重庆市长宽比达到 3.33 的地块数量仅有 13 个，占样本总数的 1.31%，表明重庆市农机作业效率受调头次数影响较显著。

表 5-8 重庆市耕地地块长宽比分段

长宽比	地块数（块）	比例（%）
(1，2]	887	89.24
(2，3]	88	8.85
(3，4]	14	1.41
(4，+)	5	0.50
合计	994	100.00

地块形状影响机械装备作业的效率。地块形状越接近于矩形，

机械作业越不容易重复路线，作业效率就越高。如表 5－9 所示，在所有样本中，矩形度最高为 0.90，最低为 0.10，平均值为 0.57。矩形度位于（0.3，0.6］的区间地块数量最多，占比 59.36%；其次是矩形度（0.6，0.9］的区间，占比 39.03%；再次是矩形度在（0，0.3］的区间，占比 1.61%；而重庆市目前还没有矩形度在（0.9，1］区间的地块。结合上文对样本地块长宽比的分析，重庆市宜机化改造应更侧重于地块形状的调整。

表 5－9　抽样县地块矩形度分段

矩形度	地块数（块）	比例（%）
（0，0.3］	16	1.61
（0.3，0.6］	590	59.36
（0.6，0.9］	388	39.03
（0.9，1］	0	0.00
合计	994	100.00

4. 耕地道路通达情况

对 2 个县进行抽样统计，得到重庆耕地地块田间道路通达率如表 5－10 所示。样本中，酉阳土家族苗族自治县耕地道路通达率为 8.23%，大足区道路通达率为 32.06%，二者差异较大，但总体水平都低于 50%。

表 5－10　抽样县耕地道路通达率

县名	耕地道路通达数量（个）	耕地道路通达率（%）
酉阳土家族苗族自治县	41	8.23
大足区	159	32.06

六、耕作制度与茬口时期

1. 重庆市主要耕作制度

依据《农用地质量分等规程》（GB/T 28407—2012）中的我国

标准耕作制度速查表，重庆市丘陵山区复种类型主要为一年二熟制，其主要耕作制度如下：

城市发展新区：大足区、江津区、永川区、潼南区、铜梁区、荣昌区、璧山区、綦江区、南川区主要为小麦—水稻轮作和旱地甘薯—玉米轮作，长寿区、合川区主要为小麦—水稻轮作、小麦—玉米轮作。

渝东北生态涵养发展区：梁平区、垫江县、开州区、城口县、丰都县、云阳县、奉节县、巫山县、巫溪县主要为小麦—水稻轮作、小麦—玉米轮作，忠县主要为小麦—水稻轮作和旱地甘薯—玉米轮作。

渝东南生态保护发展区：武隆区、秀山土家族苗族自治县主要为小麦—水稻轮作和旱地甘薯—玉米轮作，石柱土家族自治县主要为小麦—水稻轮作、小麦—玉米轮作，酉阳土家族苗族自治县、彭水苗族土家族自治县主要为小麦—水稻轮作、小麦—玉米轮作、旱地小麦/玉米套作。

2. 各类耕作制度茬口时期

小麦—水稻轮作：小麦播种时间为 10 月中下旬，收获时间为 5 月。水稻育秧播种时间为 3 月下旬至 4 月上旬，插秧时间为 5 月下旬至 6 月上旬，收获时间为 9 月中旬至 10 月初。

小麦—玉米轮作：小麦播种时间为 10 月中下旬，收获时间为 5 月。玉米播种时间为 5 月中旬至 10 月初，收获时间为 9 月中旬至 10 月初。

旱地甘薯—玉米轮作：春玉米播种时间为 3 月初，收获时间为 7 月上中旬，甘薯育种植时间为 7 月下旬，收获时间为 12 月上旬。

旱地小麦/玉米套作：小麦 10 月中下旬播种，3 月下旬至 4 月中旬套作玉米，5 月中下旬收获小麦，8—9 月收获玉米。

七、土壤种类

依据我国第二次土壤普查数据，重庆市丘陵山区市县的主要土壤种类如下：

重庆市城市发展新区、渝东北生态涵养发展区、渝东南生态保护发展区三个区的土壤种类比较一致，全区主要有北碚黄泥土、石柱黄泥土、名山白鳝泥土、扁石黄砂土、彭山灰棕砂土、新津紫砂土、石灰黄泥土、酸紫砂土、酸紫黄泥土、灰棕黄紫泥土、剑阁紫泥土、暗紫砂泥土、灰棕紫砂泥土、暗紫石骨土、红棕紫泥土、红棕石骨土、红棕紫砂泥土、灰棕潮泥土、灰棕潮砂泥土、紫潮砂泥土、黄潮砂泥土、黄紫泥田、铜梁大泥田、蓬安死黄泥田、石骨子田、内家紫砂泥田、鸭屎黄泥田，其中铜梁区主要有灰棕黄紫泥土、铜梁大泥田，荣昌区主要有暗紫石骨土。

结合土种生产性能概况表（附表 4）可以看出，重庆市丘陵山区农田土种性状多样，土质以黏壤土至壤质黏土为主，另有少量砂质壤土和黏重土壤，其中部分土壤耕性较好、肥力适中，部分土壤黏重难耕但保水保肥能力好，少量土壤疏松易耕但漏水漏肥，极少数土壤质地粗、砂砾多、肥力差。适合中小型农机具作业，根据地形和土壤条件选择适宜动力，土壤黏重地区宜选择轻简型农机具以克服黏重土壤的阻滞和黏附，土质疏松地区不宜深耕深翻，以减少水土流失。

八、机械化作业及机具选型建议

1. 水稻

机械化作业建议：因地制宜地开展农田宜机化改造，切实改善农机通行和作业条件，提高农机适应性，配套完善水利设施，实现能排能灌。推广适宜水田作业的高性能高效率中大马力履带式拖拉机和轮式四驱拖拉机及其配套旋耕机、水田打浆平地机，推动微耕机更新和升级换代，实行大中小型合理配套，全面普及耕整地机械化技术。积极探索试验机械化育插秧、水（旱）直播、无盘旱育抛栽秧等多种机械化轻简种植方式。推广高效植保机械，加强绿色防控与统防统治结合，开展水稻病虫草害防治。大力推广适宜丘陵山区作业的水稻收割机，积极开展跨区收获，快速扩大水稻机收面积。开展节能、环保型的低温循环式烘干机和移动烘干机的示范推广，逐步提高粮食烘干处理机械化水平。水稻秸秆以翻埋灌水腐烂还田肥田为主（表5－11）。

表5－11　重庆市水稻生产全程机械化机具选型建议

机具名称	技术参数
拖拉机	35～75马力
微耕机	6～9马力
水田旋耕机	耕深10～16厘米
水田起浆平地机	平整深度5～10厘米
铧式犁	耕深15～22厘米
育秧播种流水线	作业效率＞400盘/小时
手扶插秧机	2～6行，行距25厘米或30厘米
植保无人机	药箱容积≥10升，续航时间≥15分钟
稻麦联合收获机	喂入量0.6～6千克/秒
粮食低温烘干机	低温循环式，批处理量10吨

2. 玉米

机械化作业建议：前茬作物秸秆粉碎还田，整地要做到碎、平、净，且上虚下实，为播种打好基础。选用精品种子，发芽率≥95％，种子发芽势高，机械单粒精量播种。玉米播种深度在3～5厘米，墒情好时浅播，干旱时加深。镇压要实，使种子与土壤紧密接触。玉米播后苗前要喷洒除草剂，建议在播种机上装除草剂喷洒装置，播种的同时喷洒土壤封闭型除草剂，还可同时喷洒杀虫杀卵剂。在大喇叭口前期可使用自走式高地隙喷杆喷雾机进行病虫草害防治，大喇叭口期以后可使用植保无人机进行飞防。玉米收获时，一般要求籽粒含水率＜28％、叶片和秸秆的含水率＜60％、玉米最低结穗高度一致、植株倒伏率≤5％；对收获质量要求籽粒损失率≤2.0％、果穗损失率≤3.0％、籽粒破碎率≤5.0％、籽粒含杂率

≤5.0%，割茬高度≤10厘米、秸秆还田粉碎长度≤10厘米、秸秆粉碎还田合格率≥90%、秸秆抛撒不均匀率≤20%，秸秆覆盖均匀无堆积，以保证后茬作物正常播种为宜（表5-12）。

表5-12　重庆市玉米生产全程机械化机具选型建议

机具名称	技术参数
拖拉机	50马力左右中型拖拉机
播种机	2行以上牵引式播种机，或指夹式玉米精量播种机，具有种肥同播功能
无人植保机	药箱容积≥10升，续航时间≥15分钟
玉米联合收割机	行数2～4行

3. 甘薯

机械化作业建议：①培育健康种苗。苗床选用交通便利、浇水方便、排水良好、向阳背风、海拔200～600米的地段和砂壤土，一般采用地膜加拱膜双膜育苗方式。对海拔较高地区或有早栽需求的，采用大棚加电热育苗方式；对播种较迟的采用平膜覆盖育苗。②科学起垄栽培。在前作收获后或种苗移栽前15天及时深翻土地，不宜在土壤黏湿时耕作。地块耙平耙细后起垄，坡地垄距一般80～90厘米，垄高20～30厘米；平坝垄距一般70～80厘米，垄高30～40厘米；机械化起垄，要求垄形饱满肥胖，垄沟窄深，垄面平，垄土塌实，无硬心。根据轮作制度适当调整施肥策略，通过秸秆还田、绿肥轮作、增施有机肥等措施综合提升甘薯主产区耕地质量。③科学合理密植。鲜食用品种宜选择水平法，其他品种采用斜插法进行栽插。选取5～7节长的尖梢苗进行栽插，3～4节埋入土中，2～3节露出地面，压实入土种苗。根据品种特性，选择适宜密度，净作种植密度宜3 500～4 000株/亩，套作种植密度宜3 000～3 500株/亩。鲜食品种宜密栽植。④适时采收贮运。鲜食甘薯根据市场情况收挖和销售。种薯宜在霜降前收获完毕，淀粉加工或食品加工用甘薯根据企业需求时间收挖。收挖应结合土壤条件，晴天收挖、雨天不挖。建议就地分拣，当天收挖、当天入窖

（库）。有条件的区域可进行高温愈合处理，采取适当方式进行安全贮藏，贮藏设施温度宜保持 10～13℃，空气相对湿度宜保持80%～90%（表 5-13）。

表 5-13　重庆市甘薯生产全程机械化机具选型建议

机具名称	技术参数
拖拉机	30～50 马力
起垄机	垄距 80～90 厘米
移栽机	垄距 80～90 厘米甘薯移栽机，或甘薯起垄移栽复式作业机
割蔓机	垄距 80～90 厘米薯蔓粉碎还田机
收获机	垄距 80～90 厘米甘薯挖掘犁、挖掘收获机或联合收获机

4. 油菜

机械化作业建议：播种前，要确保田块土壤含水率不大于40%，否则必须晒田。浅耕、免耕直播油菜要求水稻的留茬高度不高于 15 厘米；田间秸秆粉碎还田，秸秆长度不大于 5 厘米。直播作业可采取机械浅耕联合播种、机械免耕联合播种、机械整地开沟＋机械喷播和机械免耕开沟＋机械喷播等四种方式。育苗播种先要做好育苗准备，育苗场地应选择平整的水泥场地或平整后的田块，周围无遮光物，供水方便，排水顺畅。播种时使用适合油菜精量播种的苗盘播种流水线进行铺底土、浇水、播种、覆土等作业。机械移栽采用可一次性完成松土切缝开沟、切块栽插、覆土镇压等多道工序的油菜毯状苗移栽机。施肥环节如果采取种肥混播复式作业机具施用基肥，应选用吸水性差的颗粒肥料，以防止化肥在肥箱中结块堵塞；采用机械整地开沟和机械免耕开沟的方式时，要在开沟前先施基肥。除草和病虫害防治可选择喷杆喷雾机或超低空遥控无人植保机等机具进行机械化植保作业。收获方面，采用机械联合收获的机具选择上，对于直播油菜或株型适中的移栽油菜，选用能一次性完成收割、脱粒、清选的油菜联合收割机或双滚筒、纵轴流谷物联合收割机加装油菜收获装置进行收获；对于移栽油菜，特别是植株高大、高产的移栽油菜，宜采取先用割晒机进行割晒，后用捡拾收获机进行捡拾脱粒的分段收获方式。采用联合收获方式时，应在全田 90%以上油菜角果外观颜色变黄色或褐色，完熟度基本一致的条件下进行；采用分段收获方式时，应在全田油菜 70%～80%角果外观颜色呈黄绿或淡黄，种皮也由绿色转为红褐色时，采用割晒机进行割晒作业。将割倒的油菜就地晾晒后熟 5～7 天（根据天气，晾晒时间可以再延长），成熟度达到 95%后，用捡拾收获机进行捡拾、脱粒及清选作业。应避开雨天和露水未干时收获（表 5-14）。

表 5-14　重庆市油菜生产全程机械化机具选型建议

机具名称	技术参数
拖拉机	40～75 马力四轮驱动，或 35～70 马力轻型履带拖拉机
浅（免）耕联合播种机	播种行数≥2 行，具有旋耕、开沟、镇压、施肥、播种等功能
无人植保机	药箱容积≥10 升，续航时间≥15 分钟
油菜全喂入联合收割机	喂入量≥1.0 千克/秒，配备秸秆切碎装置
烘干机	批处理量≥10 吨

附表 1　云南省丘陵山区主要土种生产性能概况

土种名称	土种生产性能概况
暗红鸡粪土田	该土种耕层较厚，多为黏壤土，质地适中，宜耕期长，耕性好，通透性好，保水保肥力强，肥力较高，水、肥、气、热比较协调，供肥平稳，宜种性较广，主要种植水稻、小麦，一年两熟。
暗红泥田	该土种耕层厚，多为黏壤土，砂黏适中，宜耕期长，耕性好，供肥性好，肥劲平稳，主要种植水稻、小麦。
暗灰泥田	该土种土体深厚，多为壤质黏土，砂黏比例适中，易耕作，宜耕期长，保水保肥力较强，供肥平稳，肥劲长而稳，水、肥、气、热较协调，主要种植水稻、小麦。
暗紫鸡粪土田	该土种耕性较好，多为壤质黏土，养分较丰富，具有酥、软、肥的特点，供肥平稳，肥力较高，宜种性广，水稻、小麦、油菜、蚕豆、豌豆均可种植，一年两熟。
澄江白泥田	该土种质地黏重，多为黏土，易板结，通透性差，根系不易伸展，宜耕性差，养分含量较低，属低肥力田，主要种植水稻、小麦。
赤砂泥土	该土种质地偏黏，为壤质黏土至黏土，土体中含石英颗粒，耕性与通透性均较好，保水保肥性能中等。
赤香末土	该土种质地黏重，为壤质黏土至黏土，透水性及宜耕性均较差，适耕期短，雨季水分过多，糊烂胶黏，干季水分过少又坚硬难耕，但土壤保水保肥性能好，适宜种植玉米、陆稻、薯类、豆类、甘蔗、花生等多种作物。
楚雄红砂泥田	该土种多为壤质黏土，土体内含较多砂粒，水利条件差，保水保肥力弱，通气透水，养分释放快，宜耕性好，严重缺磷、缺硼，发小苗不发老苗，早衰突出，种植水稻为主，部分冬种小麦、蚕豆、油菜。

附表1 云南省丘陵山区主要土种生产性能概况

（续）

土种名称	土种生产性能概况
大红土	该土种土体厚，质地黏重，以黏土为主，土质油润，熟化度高，表土疏松易耕，保水保肥力强，土壤供肥平稳持久，既发小苗又发老苗，宜种性广，一般以种植玉米、薯类、烟草、豆类、油菜、小麦等为主，一般一年两熟或两年五熟，玉米—油菜（或小麦）—烤烟或玉米—绿肥—烤烟—油菜（或小麦）轮作。
大理红泥田	该土种质地多为黏壤土，肥力偏低但保水保肥性能好，多为一年一熟，水利条件较好地区，可稻—麦或稻—豆轮作。
浮泥	该土种质地较黏重，多为黏土至壤质黏土，宜耕期短，耕性较差，不易碎细，土壤养分较丰富，供肥较平稳，保水保肥。宜种性较广，一般年可两熟，主要种植玉米、甘薯、小麦、油菜等作物。
钙紫泥	该土种分布海拔较低，气候干热，光热资源丰富，复盐基作用强烈，旱季往往出现返硝。多为壤质黏土，植被差，水土流失重。
海漂土	该土种耕层深厚，作物立地条件好，表层为壤质黏土，砂黏适中，疏松易耕，宜耕期长，土壤养分较丰富，速效磷含量低，宜种性较广，适种玉米、马铃薯、小麦、荞麦等作物，多为一年一熟。
河浮泥	该土种多系河漫滩，砂多泥少，有砾石或卵石，表层为粉砂质黏土，属目前尚未开垦利用的土壤。
黑泡土	该土种多为黏土，有机质含量高，表土疏松，结构好，易耕作，养分除有效磷较缺外其他均较丰富，宜种玉米、小麦、高粱、豆类等作物。
黑汤大土	该土种所处海拔高、气候冷，不适宜农作物生长，表层为砾质壤土。
黑汤泥	该土种土体厚度中等，质地多为黏壤土或粉砂质黏壤土，少数新垦为耕地，主要种植青稞、蔓菁等耐寒作物。
红泥	该土种所处地势较平缓，耕垦利用时间长，质地较黏，多为黏土。宜耕期较长，耕性较好，保水保肥，供肥平稳，既发小苗又发老苗，属中等肥力旱耕地。宜种性较广，适种玉米、马铃薯、小麦、烤烟、豆类等作物，一年两熟或两年五熟。
红泡土	该土种质地黏重，多为黏土，表土疏松，有机质含量丰富，肥力中上等，光热条件好，但干旱问题突出，雨多易涝，黏重板结，耕性较差，适种玉米、小麦、豆类、烤烟、花生、辣椒等作物，多为一年一熟或二年三熟。

（续）

土种名称	土种生产性能概况
红香末土	该土种质地偏黏，表层多为壤质黏土，土壤有机质含量高，表土结构好，不难耕作，透水性及保水保肥性均较好，适种性广。目前以种植陆稻为主，次有玉米、大豆、花生、甘薯，常在春播作物中间套瓜、豆、芝麻等作物。
红羊肝土	该土种土体薄，质地黏重，多为黏土，通体夹半风化石骨子，耐旱抗蚀力较差。宜种性广，适种玉米、烤烟、薯类、油菜、小麦、杂豆、荞麦等作物，一年两熟。
红紫泥红紫泥	该土种质地多为砂质黏壤土至壤质黏土，土体虽不厚，但岩性松脆，是较好的林、牧业用地。
洪积砂泥	该土种多分布在洪积扇上部，质地多为黏壤土或壤土，土石混杂，土体浅薄，表土也多夹有石块，土质瘦，保水保肥力差。
厚褐红土	该土种土体深厚，质地多为壤质黏土至黏土，有较强的保水保肥能力，土壤肥力中等，适种性较广，一年两熟。
厚涩红土	该土种耕层质地偏黏，多为黏土，板结难耕，不易碎细，宜耕期短，结构差，保水能力较弱，既怕旱又怕涝，养分比较贫乏，严重缺磷，供肥力弱，玉米苗期常出现“紫苗”，中后期出现“早衰”现黄，属低肥力土壤。适宜种植耐瘠耐瘦的荞麦、大豆、豌豆、胡萝卜、光叶苕、箭筈豌豆等，一年一熟或两年三熟。
厚燥土	该土种所处地势较平缓，土体较厚，质地偏砂，上轻下重，为砂质壤土至壤质黏土，耕性好，宜耕期较长。宜种性广，适种甘蔗、玉米、花生、小麦、蔬菜等作物，一年两熟。
华宁红土	该土种土质黏重板结，多为黏土，耕性差，土垡不易碎细，宜耕期短。缺水少肥，利用时间短，土壤熟化程度低。结构差，不耐旱，水分渗漏快，旱象突出。宜种性较窄，主种玉米。
华坪灰泡砂土	该土种所处气候条件温润，土体厚度中等，质地粗松偏砂，多为壤土，自然肥力较高。
黄大土	该土种所处地形平缓，土体较厚，结构较好，质地以壤质黏土为主，保水保肥力较强，耕性好，适种性广，宜种植玉米、马铃薯、豆类、麦类及烤烟、油菜等多种作物。玉米—小麦，玉米—晚秋（绿肥），马铃薯套玉米、烤烟—绿肥等轮套作方式，一年一两熟。

附表1　云南省丘陵山区主要土种生产性能概况

（续）

土种名称	土种生产性能概况
黄浮泥田	该土种质地偏黏，多为壤质黏土或黏土，物理性状差，板结难化泥，宜耕性差，养分含量较低，秧苗返青慢，后期供肥差，早衰严重。
黄胶泥田	该土种质地黏重板结，多为黏土至壤质黏土，干时坚硬，湿时黏犁，宜耕期短，耕性差，供肥性差，养分释放慢。以种植水稻、小麦为主，多为一年一熟。
黄末香土	该土种土体深厚，质地黏重，多为黏土，所处地区水热条件好，有机质含量高，表土结构较好，土体松软，保水保肥能力较强，宜种性广，作物一般出苗齐、发苗快，是云南南部地区生产陆稻旱粮、甘蔗、花生的主要土种之一。
黄泡土	该土种土体较厚，土质偏黏，多为壤质黏土至黏土，宜耕性较差，适耕期短，抗旱保墒力弱。宜种性窄，多种植玉米、小麦、豆类和杂粮，多为一年一熟。
黄羊肝土	该土种土体较薄，耕层浅，质地多为壤质黏土或黏土，保水保肥能力差，速效磷含量较低。多种植薯类、杂豆、荞麦、玉米、小麦等。
黄紫泥	该土种表土较厚，质地多为砂质黏壤土。
灰红泥田	该土种质地多为壤质黏土，水多土冷，通透性不良，泥烂，潜在养分较丰富，但有效性较差，供肥前期差，秧苗返青慢，不发棵，后期恋青。宜种性窄，多为一年一熟的中低产稻田。
灰泡大泥	该土种土体粗软，质地多为黏壤土，自然肥力较高。
灰泡大土	该土种表土松泡，质地多为壤质黏土，有机质含量丰富，质地适中，结构较好，宜耕期长，耕性好，供肥能力较差。宜种性不广，主要种植马铃薯、荞麦、燕麦、兰花籽和玉米，一般一年一熟。
灰紫砂泥田	该土种多位于小狭谷底，质地多为壤质黏土或黏壤土，地下水位高，排水不畅，土性冷，水多气少，通透性差，宜耕期短，供肥性差。秧苗返青慢，分蘖少，一般一年一熟，以种植水稻、小麦为主。
鸡粪土田	该土种土体厚，结构好，质地多为砂壤土或黏壤土，养分含量丰富，水、肥、气、热协调，具有深、软、酥、润、肥等特点，宜耕期长，耕性好，供肥平稳持久，既发小苗又发老苗，保水保肥力强。宜种性广，一年两熟，以种植水稻、蚕豆为主，亦可种植小麦、油菜、马铃薯等作物。

（续）

土种名称	土种生产性能概况
焦泥土	该土种质地粗松，多为黏壤土或砂质壤土，易耕作，养分丰富（除有效磷外）。宜种性较广，一般一年两熟，主要种植玉米、陆稻、油菜、小麦、马铃薯、烤烟等作物。
景洪砖红泥	该土种土体深厚，质地较黏，表土多为黏土，有机质含量较高。
景洪砖红壤	该土种土体深厚，多为黏土，保水保肥，水肥气热比较协调，开垦比较省工。
靖外红土	该土种耕层较浅，质地黏重板结，多为壤质黏土或黏土，干时硬，湿时黏，宜耕期短，耕性差，不耐旱，养分有效性差，有效磷贫乏，供肥性不平稳，前劲不足，后劲亦疲乏。玉米苗期多紫苗，秆细棵矮，籽粒不饱满；小麦苗瘦分蘖少，易早衰，产量不高。宜种性较窄，以玉米为主，兼种马铃薯、小麦、肥田萝卜等，多为一年一熟。
澜沧赤红泥	该土种分布区光热资源好，地势平缓，土体深厚，质地较黏，多为壤质黏土及黏土。
澜沧麻赤红土	该土种土体深厚，质地适中，表层多为砂质黏壤土至壤质黏土，通透性好，易耕作，适种性广，但保水保肥性能较差，易水土流失。目前以种植陆稻为主，也种植玉米、花生、大豆、小饭豆及瓜类等多种作物。
砾石红大土	该土种土体薄，质地多为重砾质壤质黏土，粗砂砾石含量较多，易顶犁跳铧，耕作不便，坡陡冲刷严重，耕层浅，跑水、跑土、跑肥，供肥有前劲无后劲。宜种性窄，主种玉米、马铃薯、荞麦及少量小麦，多为一年一熟。
砾质暗棕泥	该土种土体深厚，质地适中，土壤有机质和养分丰富，表层质地多为轻砾质黏壤土至重砾质黏壤土。
砾质褐红大土	该土种土体薄，质地多为壤质黏土，砾石多，保水保肥能力弱，干旱问题突出，可种玉米、花生、小麦等。
磷砂土	该土种质地砂黏适中，为黏壤土或壤质黏土，耕性好，有机质及其他养分丰富，磷素含量甚高。耕层浅，土壤保水能力弱，大小春须抢墒播种，作物生长期易受干旱威胁，供肥不稳，前期稍好，后期易脱肥早衰，产量低。一般玉米（或套豆）—小麦轮作，少数果粮间作，一年两熟。
陇川润砂田	该土种质地轻，疏松，为砂质黏壤土至砂质黏土，宜耕期长，通透性好，保水保肥性差，供肥前劲足、后劲差。一年两熟，稻—麦轮作。

附表 1　云南省丘陵山区主要土种生产性能概况

（续）

土种名称	土种生产性能概况
麻黑灰土	该土种土体疏松深厚，有机质丰富，自然肥力高，表层为砂质壤土。
麻灰泡泥	该土种土体较厚，质地多为黏壤土至壤质黏土，表土有机质含量丰富，土体松软，自然肥力较高。
麻砂灰土	该土种土体深厚，质地适中，多为砂质黏壤土和砂质壤土，土壤有机质和养分丰富，但土壤酸性强。
麻燥土	该土种多为坡耕旱地，土壤侵蚀较重，土体较薄，耕层浅，砾石多，质地多为砂壤土至砂质黏壤土，保水保肥力弱，耕性差，严重缺磷、硼，属低肥力旱地。但分布区光热资源十分丰富，可种植玉米、芝麻、花生、甘蔗、菠萝等多种作物。
墨江赤黏土	该土种质地黏重，为黏土，结构差，宜耕性与通透性均较差，但保水保肥性能好，肥效稳定。该土种耕作历史长，多已建为梯田，适种作物较广，多为大小春两熟，大春以玉米、陆稻、大豆、花生为主；小春以小麦、油菜、蚕豆、豌豆为主，也有晚秋薯类、荞麦等。
南华紫泥田	该土种质地较适中，多为壤质黏土，易耕作，保水保肥力较强，肥劲平稳，多为一熟田，以种植水稻为主，灌溉条件较好地区，可种小麦、蚕豆、豌豆等小春作物。
青灰胶泥田	该土种土体厚，质地多为黏土，土壤黏重板结，宜耕性差，干时难耕，湿时黏犁，通透性差，水、肥、气、热不协调，供肥性差。
青灰冷浸田	该土种多为砂质壤土，水多土冷，水、肥、气、热不协调，养分不易释放，有效性差，供肥力弱，秧苗生长慢，后期“恋青”迟熟；有的泥脚深，栽秧后难立苗，形成漂秧。宜种性窄，大多数只种一熟，水稻为主。
丘北黄红泥	该土种质地偏黏，多为壤质黏土或黏土，但表土结构较好，疏松易耕，通透性稍差，有较强保水能力，供肥较好。宜种性较广，一年一熟或二熟，主产玉米、陆稻、薯类、豆类、小麦、油菜及烤烟等粮食和经济作物。
润红土	该土种所处地区热量条件好，质地多为黏土至壤质黏土，土壤有机质分解和养分供应快。一般一年一熟，宜种玉米、花生、小麦、大豆等作物，部分地方也可种植甘蔗。
砂灰泡土	该土种土体不厚，质地为壤土，土质粗松，结构差，宜耕性好，但保水保肥力弱。宜种性窄，主要种植玉米、荞麦、马铃薯，一年一熟。

（续）

土种名称	土种生产性能概况
砂灰汤泥	该土种土体较厚，土质松软，多为壤质黏土，自然肥力中等。
砂灰汤土	该土种所处海拔高、坡坡陡，表层多为粉砂质壤土，耕层薄，通体夹石英细粒，易耕作，但保水保肥保温能力差，作物前期生长较快，后劲不足。多为一年一熟，主要种植马铃薯、荞麦、燕麦、萝卜等耐寒作物。
砂燥土	该土种土体较厚，质地适中，多为黏壤土或壤质黏土，宜耕性好，养分含量低，所处环境光热条件好。适种性较广，多种植甘蔗、花生等经济作物。
石子紫汤土	该土种地处用材林和水源林土区，质地多为砂质黏壤土。
瘦红泥	该土种土质偏砂，多为砂质黏壤土至砂质黏土，保水保肥力较差，供肥能力亦弱，易受干旱威胁，出苗不整齐，缺株多。多一年一熟，宜种性窄，生产玉米、马铃薯、杂豆等。
水城橘黄泥	该土种所处地势较平缓，土体较深厚，质地偏黏，为壤质黏土至黏土，土壤有机质含量较高，结构好，酸性强，有效磷含量很低。
水富黄泥	该土种分布于低山、丘陵缓坡地段，土体深厚，质地较黏重，多为壤质黏土，耕作管理施肥水平较高，熟化度较高，保水保肥和抗旱能力较强。宜种性较广，多种植玉米、马铃薯、豆类、麦类及烤烟、油菜，以马铃薯套玉米间绿肥，烤烟—小麦，玉米—冬闲或玉米间大豆—冬闲为主，一年两熟。
巍山紫砂泥田	该土种质地多为壤质黏土，宜耕性较好，供肥前劲足，后劲平稳，作物返青快，苗期长势好，通透性好，保蓄力较差。以种植水稻为主，一年一熟。
祥云红胶泥田	该土种质地黏重，多为黏土，土壤易板结，通透性差，宜耕期短，耕性差，但保水保肥水较强，供肥前劲小后劲平稳，作物发老苗不发小苗。宜种水稻、小麦、蚕豆、油菜等。
祥云青泥田	该土种质地较黏重，多为壤质黏土至黏土，地下水位高，水多土冷，泥脚深，结构差，多为长期淹水的秧田或席草田。潜在肥力较高，供肥力弱，秧苗返青慢，发老苗不发小苗，恋青迟熟。多为一熟田，以种植水稻、蚕豆为主。
新平紫胶泥田	该土种质地黏重，为黏土，结构差，通透性差，土壤板结，耕性差，养分释放慢，前期供肥不足，中后期较平稳。以种植水稻为主。
窑泥土	该土种质地黏重，为壤质黏土至黏土，耕性差，熟土层薄，结构差，肥力低，宜种性较窄。可种植玉米、马铃薯等。

附表1 云南省丘陵山区主要土种生产性能概况

（续）

土种名称	土种生产性能概况
宜良黄砂田	该土种质地偏砂，多为砂质壤土至壤土，结构松散，宜耕性好，保水保肥性差，易受旱涝威胁。前期肥劲足，后期易脱肥，养分含量较低。
宜良胶泥田	该土种黏重板结，多为黏土，通透性差，干时坚硬，湿时黏犁，宜耕期短，耕性差，保水保肥力强，土壤潜在肥力较高，但释放慢，肥效迟缓，不发小苗，后期恋青。宜种性窄，多一年一熟。
盈江麻砖土	该土种土体深厚，质地砂黏适中，多为壤质黏土，宜耕性好，适种性广，多数为坡耕地或轮歇地，保水保肥性差，水肥易流失。种植水稻、玉米、花生、芝麻等多种粮食经济作物，多为一年一熟。
油红大土	该土种土体深厚，质地多为壤质黏土及黏土，土质肥沃，熟化度高，耕层疏松易耕，通透性较好，心土、底土紧实，托水托肥。水、肥、气、热比较协调，养分比较丰富，土壤供肥平稳，作物易全苗；苗壮，长势好，后劲足，老苗不早衰。宜种性广，产量较高，种植玉米、小麦、蚕豆、大麦、豌豆等。
油砂土	该土种分布于洪积扇中下部，土体较厚，质地适中，多为壤质黏土，易耕作，宜耕期长，熟化度高，保水保肥性较好。宜种性较广，可种粮、烤烟、油及菜类等作物，一年两熟或两年五熟。
越州红泥	该土种土体深厚，质地偏黏，多为壤质黏土至黏土，宜耕期较短，干时易起硬垡，保水保肥能力中等，供肥比较平稳。适种性较广，可种玉米、小麦、马铃薯、荞麦、油菜、烤烟等作物，多为一年两熟。
昭通黄泥	该土种土体深厚，耕层质地多为黏壤土，保水保肥，耕性较好，供水供肥平稳。宜种性较广，一般一年两熟，主要种植玉米、马铃薯、烤烟、小麦等粮食和经济作物。
紫黑灰泥	该土种是在森林植被覆盖下形成的，质地多为壤质土，有机质积累多，潜在肥力高。
紫黑汤土	该土种土体厚度中等，质地多为壤土，自然肥力高。
紫灰泡土	该土种质地偏黏，多为壤质黏土，但耕层有机质含量高，疏松易耕，气候冷凉，影响土壤自然肥力释放，后期易脱肥，属中下等肥力耕地。多为一年一熟，宜种性较窄，主要种植玉米、荞麦、马铃薯、小麦、油菜等作物。
紫灰汤土	该土种质地多为壤质黏土虽然有机质含量较丰富，自然肥力较高，但所处气候冷湿，养分释放慢，特别是有效磷含量不足。宜种性窄，种植马铃薯、荞麦、燕麦等。

（续）

土种名称	土种生产性能概况
紫泥土	该土种多分布于金沙江、红河、南盘江水系及其支流的海拔较低地段，生境干热，土体薄，质地多为黏壤土，植被破坏后，水土流失严重。
紫砂土	该土种所处光热条件好，土壤质地偏砂，多为砂质壤土或砂质黏壤土，耕性好，通透性强，但保水保肥性较差，后期易脱肥。种植玉米、薯类、豆类、花生、辣椒等。
棕黑汤泥	该土种土体厚度中等，质地多为黏壤土至壤质黏土，自然肥力高。
棕黑汤土	该土种自然肥力较高，质地多为黏壤土至壤质黏土，主要为林业用地。
棕红大土	该土种耕层浅，质地多为壤质黏土，土壤水热状况不协调，养分有效性差，肥劲迟缓作物长势差。宜种性较窄，主要种植玉米、马铃薯、燕麦、小麦、荞麦、豌豆、满园花等作物，多为一年一熟。
棕灰泡泥	该土种土质偏黏，多为壤质黏土至黏土，保水保肥性能好，有机质和氮、磷、钾较丰富，自然肥力高。
棕灰泡土	该土种质地多为壤质黏土至黏土，有机质和全氮含量较高，自然肥力较丰富，耕层疏松易耕，保水保肥。所处海拔较高，气温低，适种作物少，生育期长，多一年一熟，以马铃薯、荞麦为主，部分地区也种玉米。
棕灰汤土	该土种耕层疏松，易耕作，质地较黏重，以壤质黏土或粉砂质黏土为主，结持力较弱。旱季小雨不易渗透，雨季又容易形成地表径流。虽自然肥力较高，但所处气候寒冷，养分释放慢。宜种性窄，主要种植马铃薯、荞麦、燕麦等旱粮作物，一年一熟。
棕石质冻土	该土种土体较薄，质地多为重砾质壤土，但细土部分有机质含量高，土壤磷、钾也较丰富。

附表2 贵州省丘陵山区主要土种生产性能概况

土种名称	生产性能概况
贵阳黄砂泥	该土种土体深厚，质地较均一，多为壤质黏土，地势较平缓，质地适中，土壤疏松，水、肥、气、热较协调。
乌当黄砂泥土	该土种土体较厚、质地较适中，质地以壤质黏土为主，结构较好，渗水保肥，宜耕期长，耕作省力，翻压散垡好。土壤有机质和磷、钾含量中等，水肥气热较协调，养分供应前期足，后期较弱，宜种性广，种植玉米、豆类、小麦、油菜、花生、甘薯、马铃薯、西瓜、蔬菜、烤烟等。
平坝黄黏泥土	该土种土体深厚，质地均一，为黏土，质地黏重，有机质偏少，结构差，紧实，干后坚硬，雨后泥泞，耕性差，通透性也差，水分下渗慢，不耐旱也不耐涝，供肥前期差后期好。宜种玉米、小麦、油菜、甘薯、小豆、大豆等，一年两熟。
花溪黄砂土	该土种土体薄，质地为砂质壤土至黏壤土，质地轻，有机质含量少，结构松散，耕作容易，通透性好，保水保肥性较差，早春供肥快，发小苗，后期供肥差，作物产量低。种植花生、甘薯、马铃薯、玉米、烟草等，多一年两熟。
薄黑岩泥	该土种虽然有机质含量高，质地多为壤质黏土，土壤结构好，质地较适中，但因土体薄，岩石洞隙多，土壤易干旱。
大砂泥土	该土种质地适中，质地为黏壤土，保水保肥力较强，通透性、宜耕性均好，但有机质和矿质养分含量偏低。可种玉米、大豆、甘薯、花生、小麦、油菜、烤烟等，多一年一熟。
油大砂泥土	该土种土体和耕层均较厚，质地较轻，多为黏壤土至粉砂质黏壤土，质地较轻，结构好，易耕作，有机质含量高。宜种性广，多一年一熟，可种玉米、大豆、甘薯、花生、小麦、油菜、烤烟等。
厚血砂泥	该土种所处地势较平缓，质地多为砂质壤土至砂质黏壤土，并含有砾石，土体深厚，水热条件较好，磷、钾含量较低，酸度高。

（续）

土种名称	生产性能概况
血泥土	该土种耕层较薄，质地为黏壤土至黏土，质地偏黏，宜耕期短，耕性差，土壤有机质含量中等，潜在养分较高，特别是含钾多，土性温，供肥较平缓，种植玉米套大豆、小麦、马铃薯、荞麦。
薄大紫泥	该土种所处地势陡，质地为黏壤土至壤质黏土，坡度大，土体薄，土质较松，结构差，保水抗蚀性差，易冲刷流失。
紫砂泥大土	该土种质地适中，质地为黏壤土至壤质黏土，耕性好，土壤养分含量较低，供肥前期较好。适种性广，宜种玉米、小麦、豆类、甘薯、马铃薯、烤烟、花生等作物，一年一熟至两熟。
石渣子泥	该土种土体薄，质地多为砂质黏壤土，砾石含量高。
砾石黄泥	该土种所处地势陡、坡度大，质地多为壤质黏土，水土流失严重，土体薄，砾石含量多，结构差，抗旱力弱。
海子泥	该土种由于地下水位高，壤质黏土，通透性差，易渍水，土壤有机质含量高，但矿化低，供肥力弱。
乌当黄泥田	该土种有机质含量较高，壤质黏土，养分较丰富，土块较易松散，耕性较好，多为稻油轮作。
煤锈田	该土种土体较厚，质地多为壤质黏土或黏土，质地偏黏，碳含量高。生产上主要障碍是酸度大，煤锈水直接毒害秧根，主要种植水稻。
六枝黄胶泥土	该土种土体较厚，质地黏重，多为黏土，但耕层浅薄，结构差，结持力强，紧实，宜耕期短，通透性差，养分释放慢，特别是前期供肥差，发老苗。宜种性不广，以玉米、小麦、豆类为主，多一年一熟，也有间套作两熟。
水城橘黄泥	该土种所处地势较平缓，壤质黏土至黏土，土体较深厚，质地偏黏，土壤有机质含量较高，结构好，酸性强，有效磷含量很低。
橘灰泡泥	该土种所处地形较陡，壤质黏土，土体和腐殖质层均不厚。
道真黄泥土	该土种土体中含半风化母岩碎片，重砾质黏壤土及半风化母质层，土壤保水保肥力差，通透性强，耕性差，出现跳铧、顶犁情况，土壤养分和有机质含量低，早春养分供应较快，后期则差，特别是易干缺肥，产量低。可种植甘薯、马铃薯、玉米等。

附表2　贵州省丘陵山区主要土种生产性能概况

（续）

土种名称	生产性能概况
暗马肝灰泡土	该土种有机质和养分含量较高，质地多为壤质黏土，保水保肥性好，供肥性能较强。多种玉米、马铃薯，一年一熟。
马肝灰泡土	该土种土体较厚，质地多为壤质黏土及黏土，质地偏重，保水保肥，养分含量较高，耕层屑粒状结构，易耕作，肥力中等。由于地处高寒，养分释放慢，发老苗不发小苗。一般种玉米、马铃薯及绿肥，多一年一熟，或马铃薯套玉米两熟。
厚大灰泡泥	该土种所处地形较缓，土壤质地多为砂质黏土及壤质黏土，土壤通透性和保水保肥力均佳，自然肥力较高。
灰泡泥土	该土种土体较厚，质地为粉砂质黏土及壤质黏土，质地黏重，保水保肥性好，耕层粉砂含量45%以上，且结持性差，干时挖土如扬灰遇雨易结壳，小苗往往易闭气而死。由于地处高寒，土壤养分释放慢，供肥力弱，发老苗不发小苗，多种植玉米、马铃薯、小黑麦、荞麦等，一年一熟。
洪淤砂泥	该土种土体较厚，质地多为粉砂质黏土或壤质黏土，有机质含量较高。
薄棕大泥	该土种土体薄，壤质黏土，抗旱力弱，养分供应差。
棕大泥土	该土种质地偏黏，质地多为壤质黏土，有机质含量高，土壤结构和耕性均较好，但所处海拔较高，热量条件差，养分转化慢。宜种性较差，肥力中等偏下，多为一年一熟，种植玉米。
凤冈紫泥土	该土种结构好，质地多为黏壤土至壤质黏土，质地砂黏较适中，保水保肥性能好，耕性较好，通透性较强，养分转化快，供肥性能好。适种性较广，多种植玉米、小麦、油菜、烤烟、花生、甘薯等，一年两熟。
砾紫泥土	该土种土壤侵蚀重，质地为黏质壤土至壤质黏土，土体较薄，含砾石多，通透性好，漏水漏肥，极不耐旱，耕作较困难，跳铧现象严重，供肥有前劲无后劲。种植玉米、豆类、甘薯、马铃薯等，多为一年一熟。
薄草甸泥土	该土种土体浅薄，质地多为砂壤土至壤质黏土，有机质丰富，但所处海拔高，气温低，湿度大，霜冻时间长。
螺子草甸土	该土种土体较厚，质地为粉砂质壤土，有机质和养分丰富，阳离子交换量高，但海拔高，冷凉，湿度大。

（续）

土种名称	生产性能概况
草甸砂土	该土种所处海拔高，质地多为砂壤土，气温低，雾多，土壤酸度大，有机质分解慢，不宜农耕。
潮砂泥土	该土种所处地势平坦，质地为轻砾质黏壤土，土体和耕层都较厚，质地适中，通透性好，土壤水分状况较好，耕性好，宜耕期长，水、肥、气、热状况协调。宜种性广，多种植玉米、甘薯、马铃薯、花生、油菜、小麦，一年两熟。
胶大泥田	该土种质地黏重，多为黏土或粉砂质黏土，耕作阻力大，干旱失水易开大裂，不易弥合，养分较丰富，但有效磷含量仍不足，前期供肥迟缓，多为稻—油轮作。
斑黄砂泥田	该土种质地适中，质地多为黏壤土或壤质黏土，宜耕期长，耕性好，水耕不淀浆板结。养分转化快，前期供肥较好，但中后期有缺肥现象，影响千粒重。有水保证的多为一年两熟，水源差的多一年一熟，种植水稻。
红砂泥田	该土种质地上轻下重，质地为粉砂质黏壤土至壤质黏土，有利于保水保肥和耕作，养分含量较低。栽秧后秧苗返青慢，发黄，分蘖少，后期易出现早衰。多稻—油轮作，一年两熟。
肝泥田	该土种有机质含量较高，质地均一，多为粉砂质黏土，质地偏黏，结构较好，耕作省力，保水保肥，供肥较平稳，但缺磷，植株分蘖少，多为稻—油轮作，一年两熟，常年亩产水稻300千克左右。应施足底肥，种植绿肥，重施磷肥，采取稻—油、稻—肥轮作，坚持秸秆还田，培肥土壤。
血泥田	该土种质地偏黏，多为壤质黏土，有利于保水保肥，养分含量中等，缺磷，供肥稍差，栽秧后秧苗返青较慢，发棵较差，中后期有脱肥现象。多稻—油轮作，一年两熟。
水城红砾泥	该土种土体较薄，砾质土，细土部分为壤质黏土，且含砾石多，保水保肥和抗旱抗蚀能力弱。
灰泡泥	该土种土体厚，质地为壤质黏土，有机质含量较高，矿质养分较丰富，保水保肥性能好。
仁怀黄泥	该土种土体较厚，质地以黏壤土为主，发育较好，有机质丰富，质地适中，结构好，土壤疏松，通透性较强，具有较高肥力，适种性很广。
遵义黄泥	该土种土体较厚，通体质地较重，多为粉砂质黏土至黏土，所处地形一般坡度不大，质地偏黏，酸度大。

附表 2　贵州省丘陵山区主要土种生产性能概况

（续）

土种名称	生产性能概况
遵义黄砂土	该土种质地轻，质地为砂质壤土至砂质黏壤土，通透性好，保水保肥力差，酸性强，磷素缺乏，自然肥力不高，地形坡度一般较大，土体厚薄不一。
丹寨大黄泥	该土种土体深厚，质地均一，为黏壤土，地势较缓，质地适中，有机质含量较高，结构较好，保水保肥能力较强，通透性好。
灰泡砂	该土种所处地形较陡，质地为壤质黏土，土体较薄，质地较轻，通透性好，有一定的保水能力，磷、钾养分较缺，水土流失较严重。
湄潭黄黏泥	该土种土体较厚，质地为黏土，主要是耕层浅，有机质缺乏，结构差，黏板酸瘦，保水差，宜耕期短，耕作费力，湿时易成泥浆，干时收缩成硬块，土壤通透性差，供肥性差，不发小苗也不发老苗，属低肥力土壤。一般种荞麦、燕麦、满园花。
遵义白泥	该土种质地偏重，质地为粉砂质黏土，有机质缺乏，结构差，酸度大，磷、钾养分含量很低，自然肥力低。
黑岩泥	该土种有机质含量丰富，质地多为壤质黏土，结构良好，质地偏黏，盐基饱和，离子交换性能好，土壤肥力高。
岩泥土	该土种质地偏黏，质地多为壤质黏土，结构尚好，肥力较高，但土体较薄，岩溶裂隙漏斗多，抗旱力差。
油大泥土	该土种土体深厚，质地多为粉砂质黏壤土，结构好，通透性较强，有机质及矿质养分较丰富，保水保肥性较强，肥力高。多为一年两熟，可种玉米、大豆、烤烟、甘薯、小麦、油菜等。
大泥土	该土种土体较厚，质地多为壤质黏土，结构较好，通透性好，质地上层稍轻下层稍重，有利于保水保肥，养分含量中等。宜种性广，多为一年两熟，可种玉米、大豆、烤烟、甘薯、小麦、油菜等。
大胶泥土	该土种土体和耕层均较厚，质地为黏土，质地黏重，结构较差，通透性不良，耕作困难，养分含量中等，但分解转化慢。宜种性不广，多为一年一熟的冬闲地，可种玉米、大豆等。
厚大泥	该土种土体湿润，质地为黏土，质地偏黏，结构较好，养分含量中等以上，有效磷和速效钾较缺。
血砂土	该土种耕层较厚，质地为砂质壤土至粉砂质壤土，质地轻，耕性好，宜耕期长，通透性好，升温快，出苗快而齐，但保水保肥力差，抗旱力弱，土壤有机质和养分含量较低。目前种植马铃薯、豆类、早熟玉米、花生、烤烟等。

（续）

土种名称	生产性能概况
砾血泥土	该土种所处地势坡度较大，细土部分质地为黏壤土至壤质黏土，土体松散，含砾石量大，抗蚀力弱，易水土流失，土壤漏水漏肥，耕性差，作物前期生长快，中后期易脱肥。多为玉米—小麦、玉米—甘薯轮作。
紫砂泥	该土种所处坡度较大，质地轻，多为砂质壤土至黏壤土，抗蚀力弱，土壤冲刷较重，不保水，养分供应弱。
紫胶泥土	该土种质地黏重，多为黏土，有机质含量低，结构差，不耐旱，也不耐涝，宜耕期短，耕性差，湿时黏犁费力，干时硬，作物春天苗期长势差，后期较正常。种植玉米和小麦，多为轮作。
习水紫泥	该土种质地适中，质地多为黏壤土或壤质黏土，有效磷含量极缺。
紫砂泥土	该土种土体较厚，质地为粉砂质壤土至壤质黏土，质地适中，有机质和养分较高，结构好，土体疏松，有一定的保水保肥能力，耕性好，宜耕期长，通透性好，供肥较快。宜种性广，种植玉米、小麦、甘薯、花生、烤烟等，多为一年两熟。
砾石黄泥土	该土种所处坡度大，质地多为砂质黏壤土或黏壤土，水土流失严重，土体薄，砾石含量高，质地轻，漏水漏肥，有机质和养分含量偏低。主要种植玉米、荞麦，一年一熟。
油黄砂泥田	该土种质地适中，质地多为壤质黏土，结构良好，耕性好，宜耕期长，栽秧后返青快，油菜、小麦出苗整齐、长势好，肥效快而稳。多为稻—油，稻—麦轮作，一年两熟。
小黄泥田	该土种是高肥力的水稻土，质地以壤质黏土为主，底土质地黏重，底土以上由于长期耕作、客土，黏粒已降至30%～40%，有机质含量高，结构好，耕性好，宜耕期长，土壤酥散，翻坯散垡好。主要种植小麦、油菜、水稻等。
斑黄胶泥田	该土种土体深厚，质地黏重，通体为黏土，结构差，耕性也差，保水保肥力强。收割水稻后放水，失水慢，冬春也不易干透，肥效慢，但中、后期供肥稳长，肥力中等。主要种植小麦、油菜、水稻等。
血胶泥田	该土种质地黏重，宜耕期短，保水保肥，肥效慢而稳长，肥力中等。主要种植小麦、油菜、水稻等。
瓮安灰紫泥田	该土种肥力较高，质地多为壤质黏土，土体深厚，结构较好，质地偏黏。主要种植小麦、油菜、水稻等。

附表2　贵州省丘陵山区主要土种生产性能概况

（续）

土种名称	生产性能概况
油潮砂泥田	该土种母质为河流冲积物，潴育层发育较明显，通体质地轻，多为壤土至黏壤土，有机质含量高，小块状或粒状结构。
白砂田	该土种质地轻，多为灰黄色砂壤土，耕作省力，宜耕期长，翻坯差，水耕不宜多耙，否则易淀浆板结。通透性强，漏水漏肥，供肥前劲大后期易脱肥早衰。多稻—油轮作。
白胶泥田	该土种质地黏，多为黏土，结构不良，耕性不良，宜耕期短，通透性差，保水保肥性好，前期供肥性差，后期平稳，秧苗返青慢，分蘖少。主要种植水稻。
胶大土泥田	该土种质地黏重，多为黏土，结构差，干时土块坚硬难犁，难耙碎；湿时黏铧，翻坯差，易起浆。土壤通透性差，养分分解慢，前劲迟缓，后劲稳长，栽秧后返青慢，磷较缺，常出现秧苗坐蔸。多稻—油轮作，一年两熟。
大土砾泥田	该土种含砾石较多，质地多为壤质黏土，结构差，水耕时易淀浆板结，耕作难，常出现顶铧跳犁，漏水漏肥，土壤通透性较好，养分分解快，秧苗返青快，但分蘖少，后期易脱肥、早衰。多水稻—油菜轮作，一年两熟。
凤冈羊肝泥田	该土种质地较黏，多为壤质黏土，保水保肥力较强，灌溉无保证，有机质含量较低，磷素缺，供肥平稳劲小。旱作宜种小麦、玉米、油菜、豆类、薯类、绿肥等作物，一般水稻—油菜轮作。
黄扁砂田	该土种质地轻粗，多为重砾质黏壤土、砂质黏壤土或轻砾质砂壤土，耕作省力，不翻坯，宜耕期长，但水耕多耙易淀浆板结。保水保肥性差，养分释放快，秧苗返青快，但后期易脱肥。主要种植水稻，旱作宜种植油菜、玉米、烤烟、豆类、小麦等。
遵义浅黄泥田	该土种质地偏黏，质地以黏土为主，结构不良，有机质偏低，耕性差，平时紧硬，顶铧难犁，湿时黏铧。土壤通透性差，供肥差，栽秧后返青迟，苗弱，分蘖差，易发病。多稻—油轮作，一年两熟。
沙沱潮砂泥田	该土种质地适中，多为黏壤土，耕性较好，宜耕期长，水耕翻坯散垡，通透性较好，肥效快、前劲足、后劲差，多稻—油轮作，一年两熟。
荔波大泥田	该土种质地偏黏，多为壤质黏土，水耕犁翻坯好，栽秧后不发生坐蔸发黄现象，有机质含量较高，但磷素较缺，秧苗分蘖较少，中期供肥平稳。多为稻—麦（油）轮作，一年两熟。
煤泥田	该土种质地适中，质地为黏壤土至壤质黏土，耕性好，土壤有机质含量高，氮、磷、钾等养分较丰富，土壤交换性能较好，保肥供肥能力较强，作物生长平稳。多为稻—油轮作。

（续）

土种名称	生产性能概况
黄扁砂泥田	该土种质地偏黏，质地均一，多为壤质黏土，有机质含量较高，养分较丰富，养分供应前期较好，特别是钾素供应充分。多为稻—油轮作，一年两熟。
砂大泥田	该土种质地轻，通体质地为砂壤土，耕性好，水耕宜多犁，使犁底层托水性增强，不宜多耙。秧苗栽后返青快，但因磷含量低，分蘖少。多为稻—油轮作，一年两熟。
熟白鳝泥田	该土种肥力较高，全剖面质地较轻，多为粉砂质黏壤土，耕层较厚，有机质含量较高，土壤结构好，质地适中，耕性好，保水保肥性较强，肥力中上等。多为稻—油、稻—麦轮作。
习水青紫土田	该土种长期受渍水影响，通体质地为壤质黏土，土温低，养分转化慢，秧苗返青慢、分蘖差。主要种植水稻，多一年一熟。
锦屏青潮泥田	该土种质地偏黏，以壤质黏土为主，土温低，养分转化慢。水稻秧苗返青慢，分蘖迟而少，空壳率高。主要种植水稻，一年一熟。
桐梓冷浸田	该土种插花性坐蔸常年发生，质地多为黏壤土，如遇低温多雨年份，可发生全田坐蔸。主要种植水稻。
鸭屎泥田	该土种由于外湿内干难化块的泥团存在，质地为黏壤土至壤质黏土，常引起水稻坐蔸，加上低温，肥效慢，秧苗返青慢、分蘖迟而少、空壳率较高。主要种植水稻。
中白鳝泥田	该土种漂洗层出现部位高，质地多为粉砂质黏壤土和粉砂质黏土，厚度大，对根系发育影响较大。土壤前期劲足，后期脱力。多稻—油轮作，一年两熟。
道真黄砂泥田	该土种质地适中、均一，为黏壤土，结构好，宜耕期长，耕性好，有效养分含量较高，供肥力较强，栽秧后秧苗返青快，但后期易出现营养不足。多为稻—油轮作，一年两熟。
干青潮泥田	该土种基本上摆脱了地下水的危害，质地多为粉砂质黏壤土和粉砂质黏土，有较好的生产性能。秧苗返青较快，分蘖早而多，养分转化快。稻—麦（油）轮作，一年两熟。
紫黄砂泥土	该土种土体和耕层均较厚，通体质地均一，为砂质黏壤土，质地适中，通透性和耕性良好，宜耕期长，但施肥水平低，保水保肥性差，前期供肥较好，后期易缺肥。种植玉米、甘薯、马铃薯、花生等。
血砂泥	该土种质地轻，多为砂质壤土或砂质黏壤土。

附表2 贵州省丘陵山区主要土种生产性能概况

（续）

土种名称	生产性能概况
正安黄砂泥	该土种所处地势陡，通体质地为黏壤土，含有大量母岩碎块，土体浅薄，质地轻，土体松散，通透性好，保水保肥差，易水土流失，主要为林业用地。
遵义黄砂泥	该土种质地多为砂质黏土和砂质壤土。所处地势较陡，一般坡度15°～25°，土体较薄，质地较轻，通透性较好，自然肥力较高，但酸性较强，主要为林业用地。
白散泥	该土种质地轻，多为壤质黏土和砂质壤土，含硅量高，土壤养分较贫乏，主要为林业用地。
红大泥土	该土种土体较厚，质地为壤土至壤质黏土，有机质含量较高，质地适中，通透性较好，供肥较好，作物长势良好。可种玉米、大豆、甘薯、小麦、油菜等，一年二至三熟。
砾石红泥	该土种土体薄，细土质地多为壤土至黏壤土，含半风化母岩碎屑多，地势陡，植被覆盖差，水土流失严重，难开垦利用。
扁破泥砾土	该土种土体薄，质地多为壤质黏土，夹砾石量高，植被差。
白云砂土	该土种土体较薄，质地多为粉砂质黏壤土，砾石含量高，保水保肥差，耕作困难，易损伤农具，养分含量较低。宜种性不广，可种玉米，多一年一熟。
都匀渗砂泥田	该土种质地适中，通体质地多为黏壤土，耕作省力，宜耕期长。肥效快，前劲足，后劲稍差，磷、钾养分较缺。稻—油轮作，多一年两熟。
干鸭屎泥	该土种潜育层已降至60厘米以下，质地多为粉砂质黏土和壤质黏土，土温提高，养分转化加快。水稻返青快，分蘖早而多。多稻—油（麦）轮作。
低位海子土	该土种土体深厚，质地黏重，为黏土，通透性差，保水保肥，土性冷，有机质含量高，但矿化率低。作物起苗慢，后期不早衰。宜种马铃薯、玉米、蔬菜、豆类作物，一年一熟。
三都黄红砂	该土种土体深厚，质地轻，多为砂质黏壤土，水热条件好，主要为林业用地。
薄大泥	该土种质地适中，质地多为砂质黏壤土和壤质黏土，伴有岩体，有机质含量高，但土体薄，易干旱，主要为林草业用地。
斑黄泥田	该土种质地黏重，多为壤质黏土至黏土，旱耕时，宜耕期短；水耕时化块慢，耕作较困难。整地不好，小麦、油菜会缺苗断行，前期供肥慢，中期供肥充足。以稻—油、稻—麦轮作为主。

（续）

土种名称	生产性能概况
黎平浅红泥田	该土种质地偏黏，质地为黏壤土至砂质黏土，有机质含量低，结构差，土壤供肥力差，秧苗栽后返青慢，分蘖少，有时还发黄。多稻—油轮作。
浅脚烂泥田	该土种由于腐泥质较浅，质地多为黏土，土粒高度分散，土冷，养分转化慢。以种植水稻为主。
兴义红砂泥	该土种土体深厚，质地较均一，多为粉砂质黏土，粉砂粒含量高，通透性较好，主要为林业用地。
罗甸红泥	该土种土体厚，质地为壤质黏土至黏土，保水保肥力强，自然肥力较好，水热条件优越，主要为林业用地。
从江红黏泥	该土种土体深厚，质地黏重，为黏土，保水保肥力强，所处地区水热条件优越，主要为林业用地。
烂锈田	该土种质地多为壤质黏土，亚铁浓度过高，致使土壤各种酶活性最低，有腐泥层的存在。
火石大黄泥土	该土种土体厚，多为重砾质壤质黏土和壤质黏土，耕层也较薄，有机质和养分较丰富，土壤结构较好，有一定的保水保肥能力。宜种玉米、大豆、烤烟等作物。
薄草甸砂土	该土种质地为砂壤土至砂质黏壤土。有机质、速效钾含量高，离子交换性能强，但因土层薄，海拔高，土壤酸度大，磷极缺，有机质分解慢，肥力差，一般不宜农用。
大眼泥田	该土种耕层较厚，质地黏重，多为壤质黏土至黏土，耕作较困难，旱耕时犁块较大，不易散碎；水耕时，土块化块较困难。土壤有机质丰富，养分含量也较高。可种植水稻、小麦、油菜。

附表 3 四川省丘陵山区主要土种生产性能概况

土种名称	生产性能概况
暗紫黄泥土	该土种土体较厚，质地适中，多为黏壤土，宜耕期长，保水保肥力较强，养分含量较高，水、肥、气、热状况较协调。适宜种植小麦、玉米、甘薯等、花生、柑橘等作物。
暗紫砂泥土	该土种土体较厚，质地适中，多为黏壤土，宜耕期长，保水保肥力较强，养分含量较高，水、肥、气、热状况较协调。适宜种植小麦、玉米、甘薯、花生、柑橘等作物。
暗紫石骨土	该土种土层浅薄，松散，适耕期长，质地多为黏壤土，但砾石含量高达30%～35%，不利耕作。水土流失严重，漏水漏肥严重，供肥快，后劲不足。主要种植豌豆、绿豆、甘薯等作物。
白鳝泥田	该土种质地多为粉砂质黏土，粉砂粒含量50%以上，质地黏重，耕性差，通透性较差，养分贫乏，具"黏、酸、瘦、僵、板"特点。以小麦—水稻轮作为主。
白眼砂土	该土种质地多为砂壤土及壤质砂土，砂粒含量80%左右，松散好耕，不滞水，漏水漏肥严重，土温日变幅大，稳温性差，耗肥多又不耐肥，缓冲性能差。一般种植甘蔗、甘薯、豌豆、小麦、玉米等作物。
北碚黄泥土	该土种地处岩溶中、低山区，土壤与裸岩镶嵌分布，不连片，质地为壤质黏土或黏土。所处区域水热状况较佳，生物富集较强，土壤养分较丰富，土质松软，主要为林业用地。
扁砂黄泥土	该土种土体较厚，质地适中，多为黏壤，土养分含量较高，主要为林业用地。
扁石黄砂土	该土种质地多为砂壤土或黏壤土，石砾量高，为20%～40%，质地轻，疏松，通透性好，易耕作，但漏水漏肥，不耐旱，作物后期易脱肥早衰。种植玉米、小麦、大豆等作物，多为一年一熟。

（续）

土种名称	生产性能概况
大土油砂田	该土种土体深厚，质地适中，质地多为粉砂质黏壤土，结构好，易耕作，保水保肥，光、热、水资源充足，养分含量较高。宜种性广，主要种植小麦、油菜、水稻、大蒜、川芎、烟、麻、蔬菜等多种作物。
大足黄泥土	该土种质地以黏壤土为主，土体常处于潮湿状态，土壤透水性强，植被生长繁茂，有机质积累多，氮素养分丰富，但磷、钾缺乏，主要为林业用地。
丹巴棕砂土	该土种土层薄，质地以黏壤土为主，夹砾石多，不便耕作，农具磨损大，保水保肥力差，养分含量较高，但所处地势高，气温低，土性冷凉。一般只能种一季小麦、青稞、马铃薯等。
稻城黑砂土	该土种质地轻，多为砂壤土，土层薄，土质松散，易耕作，砾石及砂粒含量高，砾石含量15%～18%，砂粒含量70%以上，漏水漏肥严重，所处海拔高，土温低，霜害严重。多种植小麦、青稞。
德昌灰红泥田	该土种质地多为黏壤土，砂黏适中，易耕易种，养分含量低，前期供肥快，后期易脱肥，铁锰淀积层出现部位高，不利根系伸展。主要种植小麦、蚕豆、水稻等作物。
二黄土	该土种耕垦历史久，质地适中，多为黏壤土，耕性好，适种性广，肥力水平较高。主要种植青稞、小麦、豌豆、蚕豆等作物，一年一熟。
钙紫大泥土	该土种土体较厚，质地多为壤质黏土，质地黏重，耕性差，通透性较差，土壤养分含量较高，保水保肥性能较强，供肥平稳，有后劲。宜种植小麦、玉米、甘薯等作物，多以小麦（油菜）—玉米套甘薯为主，一年三熟。
钙紫石骨土	该土种质地多为砂壤土及砂质黏壤土，土壤疏松易耕，宜耕期长，但土层浅薄，粗骨性强，水土流失严重，漏水漏肥严重，土壤养分含量低，供肥性能差。宜种作物少，主要以豌豆（小麦）—甘薯（花生）一年两熟为主。
汉昌潮砂泥田	该土种质地砂黏适中，以黏壤土为主，表层疏松易耕，通透性好，供肥快。宜种性广，除种植粮油作物外，还适宜烤烟、蔬菜种植。
红原半溜沙土	该土种成土时间短，质地粗，多为壤质砂土，保水保肥性差，养分贫乏。
红紫砂泥土	该土种质地适中，多为黏壤土及砂质黏壤土，土壤疏松易耕，分布区域为丘陵、谷窄沟长，蔽被度大，土性偏凉，不利作物生长。农业利用以小麦—玉米套甘薯为主。
红紫砂土	该土种质地轻，多为砂壤土或壤质砂土，土壤疏松易耕，土层薄，养分含量低，保水保肥力差。宜种作物少，多以小麦—玉米套甘薯为主。

附表3 四川省丘陵山区主要土种生产性能概况

（续）

土种名称	生产性能概况
红棕石骨土	该土种质地多为重砾质黏壤土土层浅薄，粗骨性强，漏水漏肥，水土流失严重，抗旱力极差，养分含量低，土壤水、肥、气、热不协调。宜种作物少，多为小麦（豌豆）—甘薯轮作。
红棕紫泥土	该土种质地偏黏，多为壤质黏土，粉砂粒含量较高，遇雨易分散，干时失水产生龟裂，产生沟状及漏斗状侵蚀，造成严重水土流失。土体深厚，土壤养分、光热资源较丰富。目前多种植小麦、玉米、甘薯、蔬菜等作物。
红棕紫砂泥土	该土种土体较厚，质地适中，多为黏壤土，易耕省力，土壤爽水透气。宜种性较广，种植小麦、玉米、甘薯、辣椒、花生、瓜类、蔬菜等作物。
厚层草炭土	该土种在农业上可作腐植酸类肥料的原料和多种高效、长效肥的载体，亦可作燃料。
厚层甸壤土	该土种分布地区平坦宽阔，土质疏松，多为砂质黏壤土及砂质壤土，爽水透气，养分含量高。
厚层挂炭土	该土种土壤富含有机质及氮素等养分，但长期积水，是春夏草场或割草地之一。
厚层山甸土	该土种土体深厚，水热条件好，草根层和腐殖质层较厚，结构好，质地适中，以黏壤土为主，养分含量较高。
厚层燥褐砂土	该土种结构差，干旱，蒸发量大，风蚀作用强烈，整个区域呈半荒漠状态，土体干燥，土粒分散，质地多为砂质壤土，但所处区域光热条件好。
厚层燥红泥土	该土种质地多为壤质黏土或黏土，旱季气候干热，垦殖后宜栽香蕉、芭蕉、芒果、油梨、伊拉克枣、菠萝蜜等。
厚毡洼炭土	该土种石砾含量在15%以下，细土部分质地为砂质黏壤土，所处地形部位低洼，土体深厚，地下水位高，土壤水分过剩，潜在肥力高。
黄潮白鳝泥田	该土种质地黏重，多为壤质黏土及粉砂质黏土，耕性差，干时僵硬难耕，水耕起泥条。土性冷，缺磷钾，硼、锌、钼含量也很低，供肥力弱。多以小麦（油菜）—水稻轮作为主。
黄潮砂泥土	该土种质地适中，多为黏壤土，土壤通透性强，耕层疏松易耕，土性温，熟化度高，有较强的保水保肥能力。适种作物广，产量高，多种植小麦、油菜、玉米、蔬菜等。

（续）

土种名称	生产性能概况
黄红石骨土	该土种分布在丘坡顶部，冲刷严重，质地多为黏壤土，土层浅薄，土壤养分贫乏，保水保肥能力差，前期供肥快、后劲差。宜种作物少，主要种植豌豆、甘薯、花生等耐瘠耐旱作物。
黄红紫黄泥土	该土种质地黏重，多为壤质黏土，土壤板结，耕性差，宜耕期短，易渍水，怕涝耐旱，土性偏凉，养分含量较低，肥效迟缓，发老苗不发小苗。多种植小麦、玉米、甘薯、油菜，亦可种植生姜。农业利用多为小麦（油菜）—玉米套甘薯，一年三熟。
黄红紫泥土	该土种质地黏重，多为壤质黏土，耕性差，养分含量较高，保水保肥力较强。种植小麦、玉米、甘薯、油菜、棉花等作物，以小麦—玉米套甘薯一年三熟为主。
黄红紫砂泥土	该土种土体较厚，质地适中，多为黏壤土，疏松易耕，保水保肥性较强，作物出苗整齐、生长快，但中后期肥劲稍差。宜种小麦、玉米、甘薯、花生、棉花、辣椒等多种作物，以小麦—玉米套甘薯为主。
黄红紫砂土	该土种土体薄，砂性重，质地多为壤质砂土，疏松易耕，通透性强，易漏水漏肥，干旱危害大，土壤贫瘠。宜种作物少，多以豌豆—甘薯（花生）一年两熟为主。
黄紫泥田	该土种质地黏重，为壤质黏土，紧实，结构不良，通透性差，耕性差，保水保肥力较强，土性冷，养分释放缓慢，作物前期长势差，后期壮籽性好。多为冬水—中稻一年一熟，部分为稻麦两熟。
灰棕潮泥土	该土种所处地势平坦，排灌条件好，光、热、水资源丰富，质地多为壤质黏土，土壤保水保肥力强，供肥平稳，后劲足而长。宜种植作物广，多为小麦（油菜）—玉米套甘薯，一年三熟。
灰棕潮砂泥土	该土种土体深厚，质地适中，多为黏壤土或砂质黏壤土，土壤结构好，疏松易耕，通透性好，供肥快，加之光、热、水资源丰富，适种性广。粮食、经济作物及蔬菜、瓜果皆宜种植。
灰棕黄紫泥土	该土种土壤质地黏重，多为壤质黏土，板结，耕性差，宜耕期短，耕作费力，通透性差，水气矛盾较突出，养分含量低，前期供肥缓慢，后期平稳，作物出苗不整齐，易缺苗断垄。种植小麦、油菜、玉米、甘薯等作物，多以小麦（油菜）—玉米套甘薯为主。
灰棕紫砂泥土	该土种质地适中，以黏质壤土为主，耕性好，结构好，天晴不开裂，下雨不泥泞，水、热、气、肥状况协调。适种作物广，除小麦、玉米等粮食作物外，还盛产油菜、花生、辣椒、广柑、红橘、瓜类等经济作物。

附表3　四川省丘陵山区主要土种生产性能概况

（续）

土种名称	生产性能概况
夹白鳝黄泥田	该土种土体深厚，质地黏重，多为壤质黏土，耕性差，养分含量较低，土性冷，作物前期长势差、中后期转好，土壤严重缺硼，油菜“花而不实”现象严重。
夹黄紫泥田	该土种黏重紧实，多为壤质黏土，耕性差，通透性差，保水保肥，供肥迟缓、后劲足，养分含量较低。宜种作物不广，有水源保证的地方多为稻麦两熟。
夹石褐砂土	该土种多为“挂牌地”，无水利设施，夹砾石量高，质地多为砂壤土，耕作不方便，严重缺磷。主要种植小麦、青稞、玉米、马铃薯等作物。
假白鳝泥田	该土种土体深厚，质地以黏壤土或壤质黏土为主，保水保肥性能强，但耕性差，缺磷少钾，前期供肥慢，作物长势差，后期壮籽好。多以小麦—水稻轮作，冬作物湿害较重。
假白鳝紫泥田	该土种质地黏重，多为壤质黏土，紧实，土壤结构性不良，耕性差，土性偏冷，养分分解释放缓慢，水稻返青慢，坐蔸僵苗现象较普遍。农业利用多以小麦（油菜）—水稻轮作为主。
剑阁紫泥土	该土种质地偏重，多为壤质黏土，土壤紧实，耕性差，养分含量较低，作物前期生长差，发苗迟，中期长势好，后劲足，能壮籽。主要种植小麦、玉米、甘薯等。
姜石黄泥田	该土种土体深厚，质地黏重，多为粉砂质壤土或粉砂质黏壤土，耕性差，保水保肥，养分含量低，土壤偏碱，影响磷、锌养分的有效性。多以小麦—水稻轮作为主。
姜石黄泥土	该土种土体深厚，质地黏重，多为黏土，耕性差，土壤养分含量偏低，特别缺磷，但保肥、供肥性能好。种植小麦、油菜、玉米、甘薯等作物，也可种植生姜、辣椒、凉薯、茉莉花、花椰菜、结球甘蓝等多种蔬菜和经济作物。
姜石黄砂泥土	该土种质地适中，多为壤质黏土，土壤疏松易耕，但分布位置高，坡度偏大，作物易受旱，土壤养分含量低。宜种作物少，以小麦—玉米套甘薯为主。
冷雪土	该土种地处高寒地带，积雪冰冻时间长，土体薄，为砂质壤土，含岩石碎屑。
理塘黑毡泥土	该土种质地均一，为黏壤土，耕层石砾平均含量22%，养分较丰富，但海拔高，气温、有效积温低，霜冻、冰雹、暴风雪等自然灾害频繁。一般只种植抗寒、生长期短的青稞、春小麦、马铃薯、蔓菁等。

（续）

土种名称	生产性能概况
理县灰包土	该土种土体较厚，质地适中，为黏壤土，自然肥力高，主要为林业用地。
麻砂黄棕泥	该土种土体深厚，土壤质地适中，以黏壤土和砂质黏壤土为主，全剖面砾石含量20%～40%，保蓄水分能力强，有机质和养分丰富，主要为林业用地。
马尔康黑毡泥土	该土种土体较厚，质地适中，多为砂壤土或粉砂质黏壤土，砾石含量10%左右，养分含量较高，水热条件较好。
冕宁黄红砂土	该土种耕层较薄，质地适中，多为砂质黏壤土和砂质壤土，易耕作，但夹砾石，砾石含量12%～15%，对农具磨损大，所处区域海拔高，土性偏凉，养分转化慢，季节性干旱缺水严重。主要种植玉米、马铃薯、大豆等作物。
冕宁酸白砂土	该土种土体深厚，养分含量高，土质疏松，主要为林业用地。
面黄泥土	该土种土体深厚，质地偏黏，为壤质黏土或粉砂质黏土，耕性差，土壤养分贫乏，但保水保肥能力较强，水热条件较好。宜种性广，多为小麦（油菜）—玉米套甘薯。
名山白鳝泥土	该土种土体深厚，质地黏重，为粉砂质黏土，粉粒含量高，结构差，板结难耕，养分含量低，土壤偏酸。宜种作物少，但所在区域气候条件较好，以小麦—玉米套甘薯为主。
内家紫砂泥田	该土种土体深厚，质地适中，多为黏壤土，耕性好，肥力较高，水、肥、气、热状况协调，有较强的保水保肥能力。宜种性广，主要种植小麦、油菜、水稻等多种作物。
攀枝花山红泥	该土种所处区域光热资源丰富，但由于季节性干旱缺水，多为稀树灌丛草被景观。
彭山灰棕砂土	该土种疏松易耕，多为砂质壤土，通透性好，供肥快，保水保肥力差，耐涝不耐旱，养分含量低，作物中后期易脱肥早衰。地势平坦，水源方便，光、热条件好。宜种作物多，可种植小麦、玉米、甘薯、花生、甘蔗、蔬菜等多种作物。
蓬安死黄泥田	该土种土体较厚，质地多为壤质黏土，质黏、紧实，通透性差，耕性差，土性偏凉，养分含量低，作物前期不催苗、后劲稍好。主要种植小麦、油菜和中稻。

附表3　四川省丘陵山区主要土种生产性能概况

（续）

土种名称	生产性能概况
破黄泥田	该土种质地为壤质黏土，土性僵板，耕作困难，干时坚硬板结，淹水不化泥，土壤偏酸，养分含量低，尤其缺磷、硼、钼、锌，水稻返青慢，分蘖少，长势差。多种一季水稻，部分为两熟田。
蒲江黄泥田	该土种土体深厚，质地适中，多为黏壤土，结构好，疏松，耕性好，肥力较高。宜种作物广，多为稻麦（油菜）两熟。
黔江黄泥土	该土种土体较厚，质地适中，多为壤质黏土，耕作省工，宜耕期长，保水保肥力较强，有一定抗旱能力。宜种性广，一般以小麦—玉米套甘薯为主。
仁寿棕紫泥田	该土种土体深厚，质地偏黏，以壤质黏土或粉砂质黏土为主，保水保肥力较强，矿质养分较丰富，但耕性不良，通透性差。宜种性广，主要种植小麦、水稻、油菜等。
石骨子夹泥田	该土种土体及耕层均薄，多为黏壤土，熟化度低，养分贫乏，土体中含大量母岩碎屑，耕作和根系伸展都困难，易出现淀浆板结现象，僵苗较普遍。一般以小麦—水稻轮作为主。
石骨子田	该土种土体及耕层浅薄，含大量母岩碎屑，质地多为壤质黏土，耕作不便，有机质及养分贫乏，有水利条件的多为稻麦两熟。
石灰红泥土	该土种土体深厚，耕层薄，质地黏重，多为壤质黏土及黏土，耕性差，肥力不高，季节性干旱缺水严重，以小麦（豌豆）—玉米间大豆为主。
石灰黄泥土	该土种质地黏重，多为壤质黏土和黏土，物理性状不良，耕性差，多处于峰丛低洼处，通风透光差，久雨积水，作物易感病。以小麦—玉米套甘薯为主。
石灰棕泥土	该土种质地偏黏，多为壤质黏土及黏土，抗旱怕涝，所处海拔高，土性冷凉，供肥慢，作物出苗慢，长势差。种植玉米、马铃薯，一年一熟。
石柱黄泥土	该土种分布区内雨日多、云雾大，气温偏低。土壤质地黏重，以壤质黏土为主，土性偏凉，养分分解释放慢，作物前期出苗慢，生长差，后期作物长势较好。可种植小麦、玉米、大豆、甘薯等。
酸紫黄泥土	该土种质地偏黏，以壤质黏土为主，土壤板结，耕性差，宜耕期短，土壤易渍水，通透性差，加之土壤偏酸，养分含量低，供肥迟缓。作物前期出苗不整齐，生长差；中后期生长稳健，壮籽性较好。多以小麦—玉米套甘薯为主。
酸紫泥田	该土种质地黏重，多为壤质黏土或粉砂质黏土，耕性差，土壤滞水力强，土温偏低，养分转化慢，养分有效性较低。作物前期生长缓慢，但后劲较足。主要种植小麦和水稻。

（续）

土种名称	生产性能概况
酸紫砂土	该土种土体薄，质地粗，以砂质壤土为主，砂性重，土壤松散易耕种，宜耕期长，保水保肥力差，养分含量低，供肥快、后劲差，前期出苗整齐，后期脱肥早衰。多以小麦—玉米套甘薯或小麦—花生轮作利用方式为主。
天全泡土	该土种土体深厚，质地适中，多为壤质黏土，有机质含量高，土壤结构好，养分含量丰富，主要为林业用地。
铁杆子黄泥田	该土种质地黏重，为壤质黏土或粉砂质黏土，僵硬紧实，结构差，通透性差，作物根系穿插和水气运动受阻，缺磷、钾和微量元素。宜种作物少，多以小麦—水稻轮作为主。
铜梁大泥田	该土种土体较厚，结构好，质地以壤质黏土为主，虽偏黏，但易耕作，土壤养分含量较高，供肥性能好，发小苗也发老苗。宜种小麦、油菜、水稻等多种作物，稻麦两熟。
万源泡土	该土种分布海拔较高，质地多为黏壤土或粉砂质黏壤土，土壤养分含量较丰富，由于气候偏凉，肥效迟缓，耐旱怕涝。主要种植小麦、玉米、大豆、马铃薯等。
温江灰潮田	该土种质地适中，黏壤土，易耕作，基础肥力较高，改造前由于地下水位高，土壤长期处于潜育态，“烂、冷、毒”严重。以种植水稻、小麦、油菜为主。
温江油砂田	该土种土体深厚，耕层疏松绵软，质地为壤土，易耕作，水、肥、气、热状况协调，灌排条件优越。宜种作物多，主要有小麦、油菜、水稻、大蒜、川芎、麻、蔬菜等多种作物。
西昌红泥土	该土种土体深厚，区域水热条件较好，质地多为壤质黏土或黏土，主要为林业用地。
西昌黄红泥土	该土种土体较厚，但耕层浅，熟化度低，质地黏重，为壤质黏土至黏土，耕性及通透性均差，保水保肥能力较强，供肥缓慢，前劲差，后劲足。土壤养分含量虽较丰富，但磷和微量元素较缺，季节性干旱缺水严重。种植玉米、甘薯等作物，多为一年一熟。
下湿潮田	该土种质地适中，多为粉砂质壤土或黏壤土，易耕作，地下水位高，土壤长期积水，通透性差，土温低，作物长势差，特别是冬季作物湿害重。以小麦—水稻轮作为主。
下湿黄泥田	该土种土体深厚，质地黏重，多为壤质黏土，土壤长期滞水，结构差，水、肥、气、热状况不协调，缺磷少钾，有毒物质多，水稻坐蔸现象严重，灌排设施不配套。大部分灌冬水种植一季中稻。

附表3 四川省丘陵山区主要土种生产性能概况

（续）

土种名称	生产性能概况
下湿紫泥田	该土种长期处于淹水状态，质地多为壤质黏土，土粒高度分散，土温低，通透性差，还原性强，常有亚铁和硫化氢等有毒物质存在，养分释放慢，缺磷，锌、钼、硼含量很低，具“冷、烂、黏、毒”的特点。常以冬水—中稻一年一熟为主。
乡城褐砂土	该土种质地轻，多为砂壤土，土质松散易耕，通透性好，土壤养分含量较高，由于海拔高，有效积温和无霜期短，肥力不能充分发挥。主要种植小麦、青稞、玉米、豆类作物，多一年一熟。
小金草毡砂土	该土种土体深厚，通体砾石含量较高，达17%～26%，质地适中，为砂质壤土，结构好，养分丰富。
小土黄泥田	该土种土体深厚，质地多为粉砂质黏土至黏土，黏重板结，耕性差，养分贫乏，土性偏冷，供肥性能差。适种作物少，多为小麦（油菜）—水稻轮作。
新津紫砂土	该土种质地多为砂质壤土或壤质砂土，耕层疏松好耕，通透性好，但漏水漏肥，耐涝不耐旱，土壤昼夜温差大，稳温性差，供肥快。作物出苗齐，前期长势旺，后期易脱肥。宜种植小麦、玉米、甘薯、花生、甘蔗、西瓜、蔬菜等作物。
鸭屎黄泥田	该土种土质黏重，多为壤质黏土，由于地表水和土壤内排水不良的作用，产生潜育现象，土温低。水稻前期生长不好，后期易贪青晚熟，病虫害严重。农业利用多以油菜—水稻或冬水—中稻为主。
仪陇黄砂土	该土种质地适中，为轻砾质砂质壤土或砂质黏壤土，表层疏松易耕，但养分贫乏，保水保肥力差，不耐旱，产量低。种植小麦、玉米、甘薯、生姜、花生等作物，以小麦—玉米套甘薯为主。
燥红砂泥土	该土种地形倾斜，水土流失严重，季节性干旱缺水严重，一般在雨季种植作物，旱季炕土。土壤质地以壤质黏土为主，耕层浅，心土层黏重紧实，结构差，不易耕作，加之施肥少，保水保肥力低。主要种植小麦、玉米、甘薯、甘蔗等作物。
砖红紫石骨土	该土种土体薄，质地多为砂质黏壤土，砾石含量高，土壤疏松易耕，通透性好，但漏水漏肥，供肥性能差，不耐旱，养分贫乏。宜种性差，仅种植豌豆、甘薯等耐瘠耐旱作物。
紫潮泥土	该土种土体深厚，质地偏黏，多为壤质黏土，耕性较差，保水保肥力较强，供肥平稳，肥效持久。作物前期发苗稍慢，中后期稳，壮籽性能好。宜种植小麦、玉米、甘薯、甘蔗、油菜、蔬菜等作物。

（续）

土种名称	生产性能概况
紫潮砂泥土	该土种质地适中，以黏壤土为主，土壤结构好，疏松易耕，通透性强，回润力强，地势平坦，灌排方便，土壤矿质养分较丰富。宜种性广。
棕黑毡砂土	该土种质地多为砂质壤土，多为草场。
棕紫夹砂泥田	该土种土体较厚，质地适中，多为黏壤土，土壤通透性和耕性好，保水保肥能力较强，发小苗又发老苗。宜种性广，作物产量较高，多为稻麦两熟。
棕紫泥土	该土种质地偏黏，多为壤质黏土，耕作费力，宜耕期短，土壤养分较丰富，供肥持久平稳。作物前期长势稍差，中后期稳得住，能壮籽，产量较高。宜种小麦、玉米、甘薯等作物，农业利用多为小麦—玉米套甘薯。
棕紫砂泥土	该土种土体较厚，质地适中，多为黏壤土，土壤疏松易耕，水、热、气状况协调。宜种作物广，主要种植小麦、玉米、甘薯、棉花等作物，以小麦（大麦）—棉花轮作或小麦—玉米套甘薯为主。
棕紫砂土	该土种质地多为砂质壤土，土壤砂性重，松散易耕，但土壤保水保肥力差，水土流失严重，养分含量低。宜种性窄，仅种植小麦、玉米、甘薯、花生、棉花等作物，多以小麦—玉米套甘薯或小麦—棉花（花生）轮作为主。
棕紫石骨土	该土种质地多为砂质黏壤土，土壤松散易耕，但粗骨性强，砾石含量高，多在35%左右，漏水漏肥，不耐旱，水土流失严重，土壤养分含量低。适种作物少，仅种植小麦、豌豆、甘薯等耐瘠耐旱作物。

附表4　重庆市丘陵山区主要土种生产性能概况

土种名称	生产性能概况
北碚黄泥土	该土种地处岩溶中、低山区，质地为壤质黏土或黏土，土壤与裸岩镶嵌分布，不连片。所处区域水热状况较佳，生物富集较强，土壤养分较丰富，土质松软。
石柱黄泥土	该土种分布区内雨日多、云雾大，气温偏低。土壤质地黏重，土性偏凉，养分分解释放慢。作物前期出苗慢，生长差，后期作物长势较好。宜种植小麦、玉米、大豆、甘薯等。
名山白鳝泥土	该土种土体深厚，质地黏重，粉粒含量高，结构差，板结难耕，养分含量低，土壤偏酸。宜种作物少，长势也差，但所在区域气候条件较好，农业利用以小麦—玉米套甘薯为主。
扁石黄砂土	土种石砾量高，质地轻，疏松，通透性好，易耕作，但漏水漏肥，不耐旱，作物后期易脱肥早衰。宜种植玉米、小麦、大豆等作物。
彭山灰棕砂土	该土种疏松易耕，质地多为砂质壤土，通透性好，供肥快，保水保肥力差，耐涝不耐旱，养分含量低，作物中后期易脱肥早衰。地势平坦，水源方便，光、热条件好。宜种作物多，可种植小麦、玉米、甘薯、花生、甘蔗、蔬菜等多种作物。
新津紫砂土	该土种耕层疏松好耕，质地多为砂质壤土或壤质砂土，通透性好，但漏水漏肥，耐涝不耐旱，土壤昼夜温差大，稳温性差，供肥快。作物出苗齐，前期长势旺，后期易脱肥。宜种植小麦、玉米、甘薯、花生、甘蔗、西瓜、蔬菜等作物。
石灰黄泥土	该土种质地黏重，质地多为壤质黏土和黏土，物理性状不良，耕性差，多处于峰丛低洼处，通风透光差，久雨积水，作物易感病。农业利用多以小麦—玉米套甘薯为主。
酸紫砂土	该土种土体薄，质地以砂质壤土为主，质地粗，砂性重，土壤松散易耕种，宜耕期长，保水保肥力差，养分含量低，供肥快、后劲差，前期出苗整齐，后期脱肥早衰。多以小麦—玉米套甘薯或小麦—花生轮作利用方式为主。

（续）

土种名称	生产性能概况
酸紫黄泥土	该土种质地偏黏，质地以壤质黏土为主，土壤板结，耕性差，宜耕期短，土壤易渍水，通透性差，加之土壤偏酸，养分含量低，供肥迟缓。作物前期出苗不整齐，生长差，中后期生长稳健。多以小麦—玉米套甘薯为主。
灰棕黄紫泥土	该土种土壤质地黏重，多为壤质黏土，板结，耕性差，宜耕期短，耕作费力，通透性差，水气矛盾较突出，养分含量低，前期供肥缓慢，后期平稳。作物出苗不整齐，易缺苗断垄。宜种植小麦、油菜、玉米、甘薯等作物，多以小麦（油菜）—玉米套甘薯为主。
剑阁紫泥土	该土种质地偏重，质地多为壤质黏土，土壤紧实，耕性差，养分含量较低。作物前期生长差，发苗迟，中期长势好，后劲足，能壮籽。主要种植小麦、玉米、甘薯等。
暗紫砂泥土	该土种土体较厚，质地多为黏壤土，质地适中，宜耕期长，保水保肥力较强，养分含量较高，水肥、气、热状况较协调。除种植小麦、玉米、甘薯等作物外，花生、柑橘等多种经济作物亦生长较好。
灰棕紫砂泥土	该土种质地适中，质地以黏质壤土为主，耕性好，结构好，天晴不开裂，下雨不泥泞，水、热、气、肥状况协调。适种作物广，除小麦、玉米等粮食作物外，还盛产油菜、花生、辣椒、广柑、红橘、瓜类等经济作物。
暗紫石骨土	该土种土层浅薄，质地多为黏壤土，松散，适耕期长，但砾石含量高，不利耕作。水土流失严重，漏水漏肥严重，供肥快，后劲不足。主要种植豌豆、绿豆、甘薯等作物。
红棕紫泥土	该土种质地偏黏，质地多为壤质黏土，粉砂粒含量较高，遇雨易分散，干时失水产生龟裂，产生沟状及漏斗状侵蚀，造成严重水土流失。土体深厚，土壤养分、光热资源较丰富。目前多种植小麦、玉米、甘薯、蔬菜等作物。
红棕石骨土	该土种土层浅薄，质地多为重砾质黏壤土，粗骨性强，漏水漏肥，水土流失严重，抗旱力极差，养分含量低，土壤水、肥、气、热不协调。宜种作物少，多以小麦（豌豆）—甘薯轮作。
红棕紫砂泥土	该土种土体较厚，质地多为黏壤土，质地适中，易耕省力，土壤爽水透气。宜种性较广，种植小麦、玉米、甘薯、辣椒、花生、瓜类、蔬菜等作物。
灰棕潮泥土	该土种所处地势平坦，质地多为壤质黏土，排灌条件好，光、热、水资源丰富，土壤保水保肥力强，供肥平稳，后劲足而长，是肥力较高的耕作土壤。宜种植作物广，多为小麦（油菜）—玉米套甘薯，一年三熟。

附表4 重庆市丘陵山区主要土种生产性能概况

（续）

土种名称	生产性能概况
灰棕潮砂泥土	该土种土体深厚，质地多为黏壤土或砂质黏壤土，质地适中，土壤结构好，疏松易耕，通透性好，供肥快，光、热、水资源丰富。适种性广，粮食、经济作物及蔬菜、瓜果皆宜种植。
紫潮砂泥土	该土种质地适中，质地以黏壤土为主，土壤结构好，疏松易耕，通透性强，回润力强，地势平坦，灌排方便，土壤矿质养分较丰富。宜种性广。
黄潮砂泥土	该土种质地适中，质地多为黏壤土，土壤通透性强，耕层疏松易耕，土性温，熟化度高，有较强的保水保肥能力。适种作物广，产量高，多种植小麦、油菜、玉米、蔬菜等。
黄紫泥田	该土种质地黏重，土壤质地为壤质黏土，紧实，结构不良，通透性差，耕性差，保水保肥力较强，土性冷，养分释放缓慢。作物前期长势差，后期壮籽性好。多为冬水—中稻一年一熟，部分为稻麦两熟。
铜梁大泥田	该土种土体较厚，质地以壤质黏土为主，结构好，质地虽偏黏，但易耕作，土壤养分含量较高，供肥性能好，发小苗也发老苗。宜种小麦、油菜、水稻等多种作物，稻麦两熟。
蓬安死黄泥田	该土种土体较厚，质地多为壤质黏土，质黏、紧实，通透性差，耕性差，土性偏凉，养分含量低。作物前期不催苗，后劲稍好。主要种植小麦、油菜和中稻。
石骨子田	该土种土体及耕层浅薄，质地多为壤质黏土，含大量母岩碎屑，耕作不便。有机质及养分贫乏，加之水源缺乏，水利设施差，多为“望天田”。有水利条件的多为稻麦两熟。
内家紫砂泥田	该土种土体深厚，质地多为黏壤土，质地适中，耕性好，肥力较高，水、肥、气、热状况协调，有较强的保水保肥能力，宜种性广，主要种植小麦、油菜、水稻等多种作物。
鸭屎黄泥田	该土种土质黏重，质地多为壤质黏土，由于地表水和土壤内排水不良的作用，产生潜育现象，土温低。水稻前期生长不好，后期易贪青晚熟，病虫害严重。农业利用多以油菜—水稻轮作或冬水—中稻为主。
大足黄泥土	该土种土体常处于潮湿状态，质地以黏壤土为主，土壤透水性强，植被生长繁茂，有机质积累多，氮素养分丰富，但磷、钾缺乏，主要为林业用地。

图书在版编目（CIP）数据

丘陵山区农业机械化发展概览．西南篇 / 曹光乔等著．-- 北京：中国农业出版社，2024. 8. -- ISBN 978-7-109-32284-4

Ⅰ．S23

中国国家版本馆 CIP 数据核字第 2024GS2411 号

丘陵山区农业机械化发展概览．西南篇

QIULING SHANQU NONGYE JIXIEHUA FAZHAN GAILAN. XINANPIAN

中国农业出版社出版

地址：北京市朝阳区麦子店街 18 号楼

邮编：100125

责任编辑：魏兆猛

版式设计：杨　婧　　责任校对：吴丽婷

印刷：中农印务有限公司

版次：2024 年 8 月第 1 版

印次：2024 年 8 月北京第 1 次印刷

发行：新华书店北京发行所

开本：880mm×1230mm　1/32

印张：4.75

字数：132 千字

定价：35.00 元
